高等院校"十二五"电子科学与技术类丛书

U0296745

MATLAB 基础应用及仿真实现

杨 凯 周 伟 马 莉 编著

西南交通大学出版社
·成 都·

图书在版编目（ＣＩＰ）数据

MATLAB 基础应用及仿真实现 / 杨凯编著. —成都：
西南交通大学出版社，2012.9（2017.7 重印）
（高等院校"十二五"电子科学与技术类丛书）
ISBN 978-7-5643-1965-6

Ⅰ. ①M… Ⅱ. ①杨… Ⅲ. ①Matlab 软件－高等学校
－教材 Ⅳ. ①TP317

中国版本图书馆 CIP 数据核字（2012）第 212272 号

高等院校"十二五"电子科学与技术类丛书

MATLAB 基础应用及仿真实现

杨 凯 周 伟 马 莉 编著

责 任 编 辑	张 雪	
特 邀 编 辑	高银银	
封 面 设 计	宋 岩	
出 版 发 行	西南交通大学出版社 （四川省成都市二环路北一段 111 号 西南交通大学创新大厦 21 楼）	
发 行 部 电 话	028-87600564　028-87600533	
邮 政 编 码	610031	
网　　　址	http://www.xnjdcbs.com	
印　　　刷	四川煤田地质制图印刷厂	
成 品 尺 寸	185 mm × 260 mm	
印　　　张	12.125	
字　　　数	304 千字	
版　　　次	2012 年 9 月第 1 版	
印　　　次	2017 年 7 月第 2 次	
书　　　号	ISBN 978-7-5643-1965-6	
定　　　价	24.00 元	

前　言

MATLAB 具有强大的数值计算功能、通俗易学的语句、丰富的函数及可方便调用的工具箱，获得了广大科学工作者和工程技术人员的一致认可。MATLAB 已经在国外许多大学普及，成为一门通用课程，而近年来随着国内大学对解决实际工程应用问题的日益重视，MATLAB 也逐渐成为学生需要掌握的一门基础工具。

目前，国内许多高校都开设了 MATLAB 的相应课程，MATLAB 方面的教材和专著陆续问世，这些书籍在基础性与实用性、宽泛性和专业性、以及广度和深度上各有侧重。为适应高校学生的特点并结合分析实际问题的需要，作者在多年 MATLAB 教学的基础上，结合自身的科研体会，编写了这本教材。

针对学校各专业的不同需求，本书重点考虑了通用性，能够对各专业起到较好的兼容作用。重点放在基础知识的讲解和实际应用的介绍上，既保证必要的、基础的程序设计知识，又增加了部分自学提高的内容。同时结合较多的实际案例，让学生学习课程后掌握 MATLAB 的学习方法，以便举一反三，可根据自身专业需要，进一步深入学习相关具体知识。

全书共分 10 章。第 1～4 章重点介绍了 MATLAB 程序设计的基础知识；第 5～6 章介绍了数值计算和数据分析方法；第 7 章介绍 Simulink 的基础应用；第 8 章介绍 GUI 图形用户界面；第 9～10 章介绍了 MATLAB 在信号处理和图像处理，以及在接口方面的综合运用。

本书在编写过程中参阅了一些国内外公开发表的有关专著及文献，在此一并表示诚挚的谢意。同时感谢在本书编写和出版过程中给予帮助的领导、老师和同学，尤其感谢参与教材编著的周伟、马莉老师和校对的刘静元老师。

由于作者水平有限，加之时间仓促，书中不妥之处在所难免，敬请读者指正。

杨　凯

2012 年 6 月

目　录

第 1 章　丰富多彩的 MATLAB 世界

本章重点

本章介绍 MATLAB 的重要功能及特点，在其中你可以发现 MATLAB 的无穷魅力。

MATLAB 是一款应用非常广泛的软件，有人称它是"演草纸"，有人称它是算法开发的"左膀右臂"，甚至有人说它无所不能。那么 MATLAB 究竟有怎样的功能，究竟在哪些方面能够给我们提供便利和帮助，下面就来认识一下丰富多彩的 MATLAB 世界。

简要概括，MATLAB 是以矩阵为基本运算单元的高级工程软件工具集。它在以下方面有独特的优势：

1.1　强大的数学运算能力

可以说，MATLAB 几乎涵盖了数学运算的各个方面，通常来说，常见的高等数学、线性代数、概率统计分析、优化分析……都可以通过 MATLAB 简单地解决。

如积分：$\int_0^1 \dfrac{x^5 + 9x^4 + 7x + 6}{x+3}\,\mathrm{d}x$

这样的问题对读者来说，要手工求解需要一定的时间，但是对于 MATLAB 就非常容易了，仅仅需要一个命令就可以轻而易举地解决。尤其对于更加复杂的运算，MATLAB 也会快速解答。

1.2　强大的图形功能

我们平时接触的很多图形无法轻易地画出来，只能通过教材中的图表或想象了解图形的特征，很难有直观的认知。MATLAB 的图形功能是 MATLAB 发展里程碑式的一个飞跃。通过对各种图形的简单绘制，直观地展示出各种专业图形。二维、三维图形都可以便捷地呈现在面前。

如高斯分布的三维曲面图可以便捷地被 MATLAB 画出。其程序如下：

```
z=peaks(25);
surf(z);
```

图 1.1 是用 MATLAB 画出的高斯分布的三维曲面图。

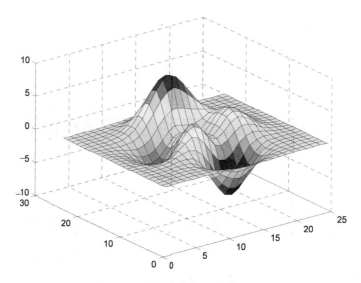

图 1.1 高斯分布的三维曲面图

1.3 强大的建模分析功能

除了基本的程序语言数学建模之外，MATLAB 还提供了专门以模块化方式来建模仿真的专用工具 Simulink，它的基本思想是：

（1）用一些模块组成的图形界面代表系统；

（2）使用计算引擎，通过时间步长步进系统。

下面通过建立一个简单的正弦波观察模型来说明它的方便与独特之处。

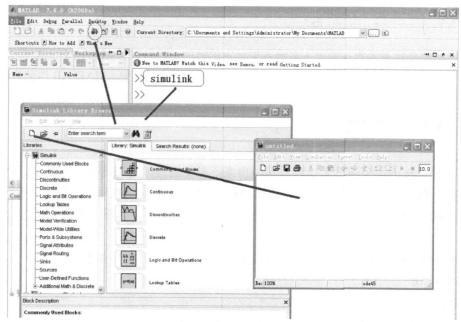

图 1.2 正弦波观察模型建立步骤 1

（1）如图 1.2 所示步骤 1，首先启动 Simulink，可以点击如图 1.1 所示的图标，或输入 simulink

即可启动 Simulink 模型开发窗口，再点击新文件图标，即可启动一个新的任务；

（2）主窗口上左边为模块库，右边为在模块库中的模块，当找到合适的模块后，直接用鼠标拖动即可，如图 1.3 所示步骤 2。

（3）找到 Sine、Gain、Scope 模块，其中 Sine Wave 模块在 Sources 模块库中，Gain 模块在 Math Operations 模块库中，Scope 模块在 Sinks 模块库中，并连接，如图 1.4 所示步骤 3。

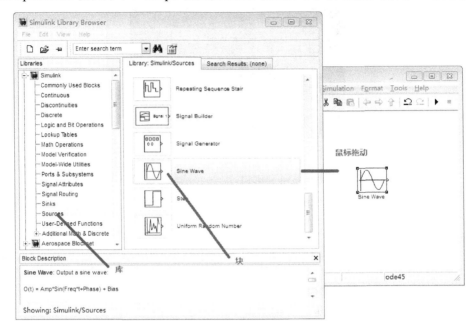

图 1.3　正弦波观察模型建立步骤 2

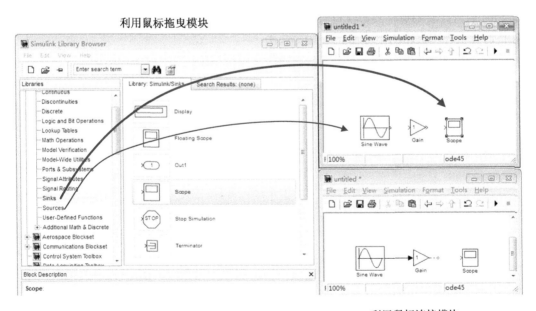

利用鼠标连接模块

图 1.4　正弦波观察模型建立步骤 3

（4）观察模型建立完成后，点击右三角号运行按钮，即可运行，双击示波器按钮，即可查看实际波形，如图 1.5 所示。

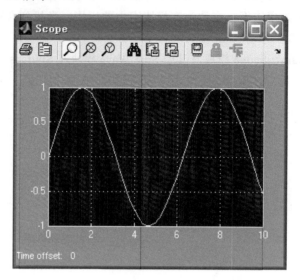

图 1.5　正弦波观察模型演示结果

1.4　强大的工具箱功能

1.4.1　Curve Fitting Toolbox（曲线拟合工具箱）

曲线拟合工具箱对信号的拟合处理非常方便，主要是通过对信号各种方式的拟合，选择合适的拟合方式并快速直观地看到效果，确定用某一种方式拟合后再运用相关的命令来编制程序。拟合后可以看到拟合系数（可直接运用），也可以看到各点拟合后的偏差，便于分析。图 1.6 是曲线拟合工具箱的主界面。

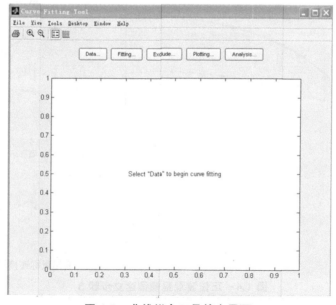

图 1.6　曲线拟合工具箱主界面

图 1.7 为对离散点的一阶最小二乘拟合演示。

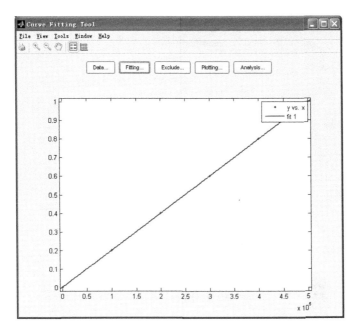

图 1.7 离散点的一阶最小二乘拟合演示

1.4.2 滤波器系列工具

（1）FDATool（滤波器设计分析工具箱），图 1.8 是其主界面；

（2）FVTool(b,a)（滤波器查看工具箱），图 1.9 是其主界面；

（3）SPTool（信号、滤波、谱分析综合工具箱），图 1.10 是其主界面。

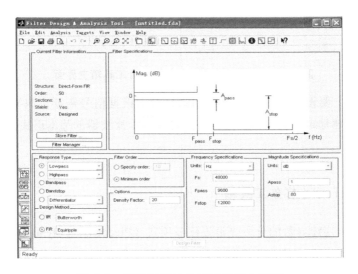

图 1.8 滤波器设计分析工具箱主界面

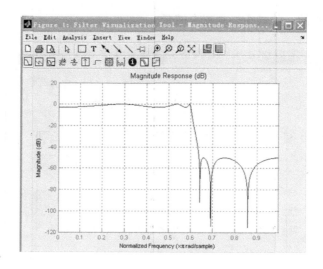

图 1.9　滤波器查看工具箱主界面

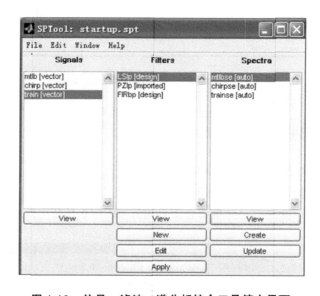

图 1.10　信号、滤波、谱分析综合工具箱主界面

　　信号滤波器的主要设计功能为信号定制滤波器，根据信号需要，只要填入相关参数，MATLAB 即可以快速地定制滤波器。定制后，可以查看滤波器的基本形式，看到滤波后信号的状态等。

1.4.3　SplineTool（样条工具箱）

　　样条是存在几阶连续导数的分段光滑连续多项式（Piecewise Polynomial，PP）函数，可用来在一个大的区间上表达各种各样的函数，而用单一的多项式是不现实的。由于样条是光滑的，简单而易于操作，可以用来给任意函数建模：诸如曲线建模，曲线拟合，函数逼近，函数方程求解等。图 1.11 即为样条工具箱启动主界面。

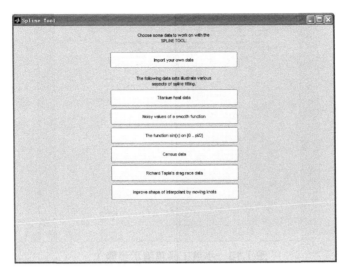

图 1.11　样条工具箱启动主界面

1.4.4　Wavemenu（小波工具箱）

小波分析成为目前研究的热点，由于小波自身良好的时间和频率特性，基于小波分析的信号处理越来越受到人们的重视。而对于 MATLAB 小波函数及分解层次，并没有明确的规则和规律，因此小波工具箱特别有作用，可以不断地选择并查看效果，直到选择最有效的小波为止。选择后再利用相关的命令编程。图 1.12 为其主界面。

例：直接操作 MATLAB 小波工具箱，对一信号进行小波处理。选择连续小波中 Basic Signals—with db3 at level 5—Sum of sines，步骤如图 1.13、图 1.14 和图 1.15 所示（图 1.15 采用 db10 小波处理）。

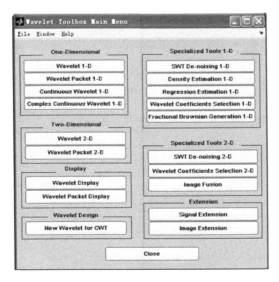

图 1.12　小波工具箱主界面

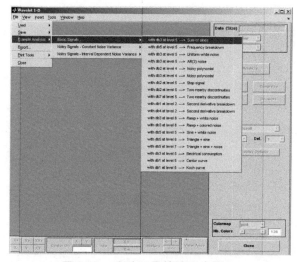

图 1.13　小波工具箱演示步骤 1

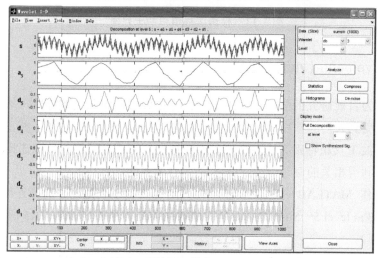

图 1.14　小波工具箱演示步骤 2（采用 db3 小波）

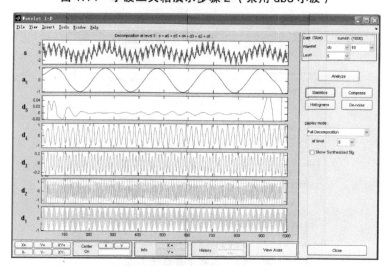

图 1.15　小波工具箱演示步骤 3（采用 db10 小波）

1.5　简洁的界面功能

MATLAB 不是做界面的专家，界面功能比较简单，如图 1.16 所示图形用户界面设计的主窗口。程序集成时多数还是用其他软件来开发界面。

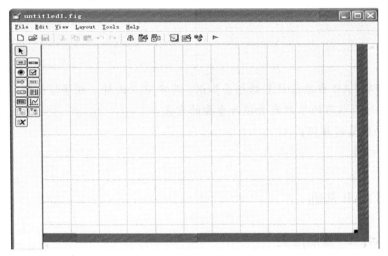

图 1.16　MATLAB 图形用户界面设计主窗口

1.6　良好的外部程序接口功能

MATLAB 可以和多种应用程序进行接口和通信，如常用的 OFFICE 中的 Excel 和 Powerpoint 等，此外，还可以与程序开发工具 VB、VC 等进行交互调试，极大地扩展了其应用范围。

MATLAB 功能强大，调试方便，特别适合于项目开发和算法验证，与其他软件接口可做联合调试。此外，开放的环境使得用户可以自己添加函数，形成工具箱，进一步扩展了其功能。有人把它称为"聪明人"和"懒人"都钟爱的软件，它也逐渐成为各行各业的好帮手。

第 2 章　MATLAB 基础及基本运算

本章重点

本章介绍 MATLAB 程序设计基础相关知识，其中重点讲解了程序控制语句及求解方程方法，掌握好本章对于以后的学习有着极为重要的意义。

（1）MATLAB 基础知识；

（2）数据和矩阵。

2.1　MATLAB 基础

2.1.1　MATLAB 发展历史

MATLAB 由 MathWorks 公司 1984 年推出商用版，其名称是矩阵实验室（MATrix LABoratory）的简称。

早在 1978 年，新墨西哥大学教授 Cleve Moler 采用 LINPACK 和 EISPACK（第六版以上采用 PAPACK）编写成了 MATLAB 的核心技术，此即用 FORTRAN 编写的萌芽状态的 MATLAB。

Jack Little 是第一个将 MATLAB 商业化的人，他在 Stanford 大学主修控制。在 Little 的推动下，由 Little、Moler、Steve Bangert 三人合作，于 1984 年成立了 MathWorks 公司，并把 MATLAB 正式推向市场，从这时起，MATLAB 的内核采用 C 语言编写，而且除原有的数值计算能力外，还新增了数据视图功能。

MATLAB 以商品形式出现后，仅短短几年，就以其良好的开放性和运行的可靠性，使原先控制领域里的封闭式软件包（如英国的 UMIST，瑞典的 LUND 和 SIMNON，德国的 KEDDC）纷纷淘汰，而改以 MATLAB 为平台加以重建。在时间进入 20 世纪 90 年代时，MATLAB 已经成为国际控制界公认的标准计算软件。

MATLAB 核心发展历程如下：

（1）早期以矩阵运算为主；

（2）第 4 版开始推出图形句柄（Handle Graphics），这是里程碑式的飞跃；

（3）第 5 版允许建立不同矩阵形态（多维矩阵，机构阵列等），也是里程碑式的飞跃；

（4）MATLAB 上建立工具箱；

（5）Simulink（连续或离散动态系统模拟）和 Stateflow（模拟有限状态机或事件驱动系统）的加入。

在欧美大学里，诸如应用代数、数理统计、自动控制、数字信号处理、模拟与数字通信、时间序列分析、动态系统仿真等课程的教科书都把 MATLAB 作为必修内容。因此，MATLAB 是攻读学位的大学生、硕士生、博士生必须掌握的基本工具。

在设计研究单位和工业部门，MATLAB 被认作为进行高效研究、开发的首选软件工具。如美国 National Instruments 公司信号测量、分析软件 LabVIEW，Cadence 公司信号和通信分析设计软件 SPW 等，或者直接建筑在 MATLAB 之上，或者以 MATLAB 为主要支撑。又如 HP 公司的 VXI 硬件，TM 公司的 DSP，Gage 公司的各种硬卡、仪器等都接受 MATLAB 的支持。

2.1.2　MATLAB 初探

2.1.2.1　MATLAB 体系

图 2.1 是 MATLAB 的体系结构图，这个体系各部分的作用如下：

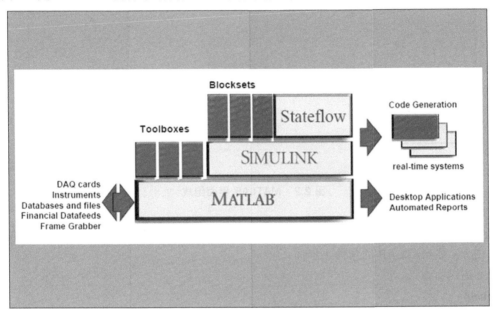

图 2.1　MATLAB 体系结构图

（1）MATLAB 基本平台：基本数学运算，编程环境（M 语言），数据可视化、GUIDE（图形用户界面）、所有 MATLAB 产品的基础。

（2）支持建模、分析、计算应用的工具箱，包括数据 I/O 工具箱，扩展 MATLAB 能力，采集现场测试测量数据。MATLAB 开发工具进行发布算法和应用程序。

（3）Simulink：复杂动态系统建模、仿真、分析的可视化平台；Stateflow 基于有限状态机理论对事件驱动模型进行建模和仿真的可视化开发环境；Blocksets 是扩展 Simulink 功能的模块库。

（4）自动代码生成：完成快速原型仿真、硬件在回路仿真和嵌入式代码开发；Real-Time 系统基于 PC 的快速原型和硬件在回路的仿真开发环境。

2.1.2.2　开始使用 MATLAB

1. MATLAB 界面组成

MATLAB 界面组成如图 2.2 所示。

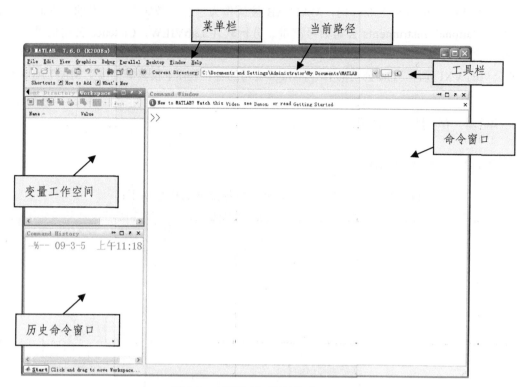

图 2.2　MATLAB 界面组成

2. MATLAB 帮助功能

MATLAB 帮助功能强大，对各命令有详细的帮助说明和实例，可以通过两种方式来查询命令。图 2.3 是 MATLAB 的帮助主界面。

（1）通过命令。

★help

★helpwin

（2）通过软件启动。

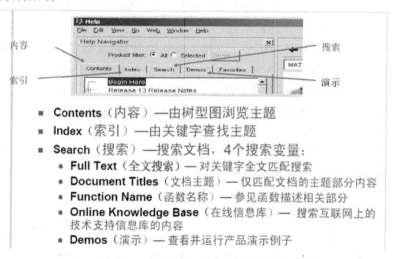

- **Contents**（内容）—由树型图浏览主题
- **Index**（索引）—由关键字查找主题
- **Search**（搜索）—搜索文档，4个搜索变量：
  - **Full Text**（全文搜索）—对关键字全文匹配搜索
  - **Document Titles**（文档主题）—仅匹配文档的主题部分内容
  - **Function Name**（函数名称）—参见函数描述相关部分
  - **Online Knowledge Base**（在线信息库）— 搜索互联网上的技术支持信息库的内容
  - **Demos**（演示）—查看并运行产品演示例子

图 2.3　MATLAB 帮助主界面

2.2　数组和矩阵

2.2.1　MATLAB 数据类型

2.2.1.1　常　量

在 MATLAB 工作内存中，驻留了几个由系统本身在启动时定义的变量，称为永久变量或称为常量。

常量可以不必进行声明，直接应用于 MATLAB 编程。

MATLAB 中常用的常量：

eps ——容差变量，浮点相对精度；

pi ——圆周率 π 的近似值 3.141 592 6；

inf 或 Inf ——表示正无穷大，定义为 1/0；

NaN ——非数，它产生于 $0 \times \infty$，0/0，∞/∞ 等运算；

i，j ——虚数单位；

ans ——对于未赋值运算结果，自动赋给 ans；

realmax ——计算机可以表示的最大浮点数；

realmin ——计算机可以表示的最小浮点数；

version ——MATLAB 版本字符串；

lastwarn/lasterr(last warning/last error) ——返回最后一跳警告/错误语句。

◆记忆帮助：

Inf=infinite

NaN=Not a Number

ans=answer

lastwarn/ lasterr=last warning/last error

2.2.1.2　变　量

变量是进行运算的基本单元。与 C 语言等其他高级语言不同，变量在 MATLAB 中无需事先定义，也无需预先定义变量的类型。

1.　变量名

命名规则：MATLAB 变量名的第一个字符必须是字母，后面可以跟字母、数字和下划线的任何组合。

补充说明：

（1）创建变量不必声明变量的数据类型；

（2）名称符合规则，字母之间不能有空格；

（3）预设以 double 形式存储。

变量名长度没有限制，但 MATLAB 只是用名称的前 N 个字符：

N= namelengthmax=63

注：本书中为了和程序对应，表述中某些变量和公式中字母未采用斜体字母。

检验变量名合法性：isvarname

◆ 记忆帮助：

isvarname= Is Valid Variable Name

★★注意：

*变量名要区分大小写。

*变量名的命名规则对文件同样适用。通常在不注意的时候容易对文件名采用错误命名，导致文件无法运行。

*MATLAB 用字符 i 和 j 表示虚数单位。如果涉及到复数运算，应避免将 i 和 j 用作变量名。

*关键字不允许重载，即不允许作为变量进行赋值使用。那么 MATLAB 有哪些关键字呢？用 iskeyword 命令列出所有关键字，共 19 个关键字。

'break'、'case'、'catch'、'classdef '、'continue'、'else'、'elseif'、'end'、'for'、'function'、'global'、'if'、'otherwise'、'parfor'、'persistent'、'return'、'switch'、'try'、'while'.

2. 赋值语句

MATLAB 赋值语句有两种形式：

（1）变量=表达式；

（2）表达式。

第一种语句中，如果表达式太复杂，一行写不下，可以加上三个小黑点(续行符)并按下回车键，然后接下去再写。

第二种语句中，将表达式的值赋给 MATLAB 的永久变量 ans。

只要是赋过值的变量，不管是否在屏幕上显示过，都存储在工作空间中，以后可随时显示或调用。变量名尽可能不要重复，否则会覆盖原有变量的值。

此外，逗号和分号可作为指令间的分隔符，MATLAB 允许多条语句在同一行出现。分号如果出现在指令后，屏幕上将不显示结果。

【例 2.1】计算表达式的值，并显示计算结果。

在 MATLAB 命令窗口输入命令：

```
x=1+2i;
y=3-sqrt(17);
z=(cos(abs(x+y))-sin(78*pi/180))/(x+abs(y))
```

其中 pi 和 i 都是 MATLAB 预先定义的变量，分别代表圆周率 π 和虚数单位。

输出结果是：

```
z =
-0.3488 + 0.3286i
```

◆ 记忆帮助：

sqrt=square root 用于求平方根；

abs= Absolute value and complex magnitude 用于求绝对值，对于复数则用于求模。

3. 内存变量的管理

（1）内存变量的删除与修改。MATLAB 变量工作空间窗口专门用于内存变量的管理。在工作空间窗口中可以显示所有内存变量的属性。当选中某些变量后，再单击 Delete 按钮，就能删除这些变量。当选中某些变量后，再单击 Open 按钮，将进入变量编辑器。通过变量编辑器可以直接观察变量中的具体元素，也可修改变量中的具体元素。

clear 命令用于删除 MATLAB 工作空间中的所有变量。

who 和 whos 这两个命令用于显示在 MATLAB 工作空间中已经驻留的变量名清单。其中 who 命令只显示出驻留变量的名称；whos 在给出变量名的同时，还给出它们的大小、所占字节数及数据类型等信息。

（2）存取变量。利用 MAT 文件可以把当前 MATLAB 工作空间中的一些有用变量长久地保留下来，扩展名是.mat。MAT 文件的生成和装入由 save 和 load 命令来完成。常用格式为：

save　文件名 [变量名表]　　[-append][-ascii]

load　文件名 [变量名表]　　[-ascii]

其中，文件名可以带路径，但不需带扩展名。.mat 命令隐含一定对.mat 文件进行操作。变量名表中的变量个数不限，只要内存或文件中存在即可，变量名之间以空格分隔。当变量名表省略时，保存或装入全部变量。-ascii 选项使文件以 ASCII 格式处理，省略该选项时文件将以二进制格式处理。save 命令中的-append 选项控制将变量追加到 MAT 文件中。

2.2.2　MATLAB 数组和矩阵

数组和矩阵属于数据结构的范畴，而非数据类型。二维数组称为矩阵。

2.2.2.1　一维数组的创建方法

1. 直接输入法

【例 2.2】

data1=[pi;log(5);7+6;2^3]

data2=[pi,log(5) 7+6 2^3]

输出结果是：

data1=

　　　3.1416

　　　1.6094

　　　13.0000

　　　8.0000

data2=

　　　3.1416　　　1.6094　　　13.0000　　　8.0000

规则：

（1）矩阵元素必须用[　]括住；

（2）矩阵元素必须用逗号或空格分隔；

（3）在[　]内矩阵的行与行之间必须用分号分隔。

2. 步长生成法

【例 2.3】

data3=2:10

data4=2:2:10

输出结果是：

data3 =

2	3	4	5	6	7	8	9	10

data4 =

2	4	6	8	10

规则：a:inc:b

其中 a 表示数组的第一个元素，inc 是创建数组之间的间隔，即步长，b 则是数组中的最后一个元素。inc 可省略，默认值为 1。

◆ 记忆帮助：

inc=increment 间隔，步长

思考：以下的定义方式是否可行？如果不可行，如何实现 10，9，…，3，2 数组建立？

data3=10:2;

3．定数线性采样法

【例 2.4】

data5=linspace(2,10,5)

输出结果是：

data5 =

2	4	6	8	10

规则：在设定的"总个数"条件下，均匀采样分布生成一维行数组。

语法：x=linspace(a,b,n)，其中 a 和 b 分别为数组第一个和最后一个元素，n 表示采样点数。默认 n=100。

4．定数对数采样法

【例 2.5】

data6=logspace(1,5,10)

输出结果是：

data6 =

1.0e+005 *

0.0001	0.0003	0.0008	0.0022	0.0060	0.0167	0.0464	0.1292	0.3594	1.0000

规则：在设定的"总个数"的条件下，经过"常用对数"采样生成一维行数组。

语法：x=logspace(a,b,n）产生从 10^a 到 10^b 包含 n 个元素的等比一维数组，其中默认 n=50。

5．一维行向量转化为一维列向量

有的时候需要将一维行向量转成列向量，MATLAB 可以简单地通过利用符号 ' 来实现。

【例 2.6】

A=[1,2,3]；B=A'

输出结果是：

B=

1

| 2 |
| 3 |

2.2.2.2　矩阵——二维数组

1. 简单的创建方法

规则：使用矩阵创建符号[　]。在方括号内输入多个元素可以创建矩阵的一个行，并用逗号或空格把每个元素间隔开。

矩阵的每一行或每一列有相同数目的元素个数。

【例 2.7】

A=[1 2 3;4 5 6;7 8 9]

B=[1:5;linspace(3,10,5);3 5 2 6 4]

C=[[1:3]' [linspace(2,3,3)]' [3 5 6]']

输出结果是：

A =

1	2	3
4	5	6
7	8	9

B =

1.0000	2.0000	3.0000	4.0000	5.0000
3.0000	4.7500	6.5000	8.2500	10.0000
3.0000	5.0000	2.0000	6.0000	4.0000

C =

1.0000	2.0000	3.0000
2.0000	2.5000	5.0000
3.0000	3.0000	6.0000

2. 创建特殊数组

（1）0-1 数组。

·所有元素全为 0 的数组：

zeros(m,n) 创建一个 m 行 n 列的全 0 数组。

Zeros(size(A))创建一个和 A 具有相同大小的全 0 数组。

Zeros(m)创建一个 m 行 m 列的全 0 数组。

【例 2.8】

A=zeros(2)

输出结果是：

A =

| 0 | 0 |
| 0 | 0 |

·所有元素全为 1 的数组：

ones(m,n)创建一个 m 行 n 列的全 1 数组。

Ones(size(A))创建一个和 A 具有相同大小的全 1 数组。

Oness(m)创建一个 m 行 m 列的全 1 数组。

【例 2.9】

A=ones(2)

输出结果是：

A =

1	1
1	1

· 所有单位数组：

eye(m,n)创建一个 m 行 n 列的单位数组。

eye(size(A))创建一个和 A 具有相同大小的单位数组。

eye(m)创建一个 m 行 m 列的单位数组。

【例 2.10】

A=eye(2)

输出结果是：

A =

1	0
0	1

 ★★注意：

创建单位数组是 eye，不是 eyes。

（2）对角数组。

规则：一般 diag 函数接受一个一维行向量数组为输入参数，将此向量的元素逐次排列在所指定的对角线上，其他位置则用 0 补充。

diag(v)：创建一个对角数组，其主对角线元素依次对应于向量 v 的元素。

【例 2.11】

A=diag([1 2 3])

输出结果是：

A =

1	0	0
0	2	0
0	0	3

diag(v,k)：创建一个对角数组，其 k 条对角线元素依次对应于向量 v 的元素。

【例 2.12】

k>0 diag([1 2 3],2); k<0 diag([1 2 3],-2);

输出结果是：

ans =

0	0	1	0	0

0	0	0	2	0
0	0	0	0	3
0	0	0	0	0
0	0	0	0	0

ans =

0	0	0	0	0
0	0	0	0	0
1	0	0	0	0
0	2	0	0	0
0	0	3	0	0

当 X 为二维数组，diag(X)提取 X 的主对角线元素组成一维数组，diag(X,k)提取 X 的第 k 条对角线元素组成一维数组。

【例 2.13】
C=[3 5 1 2;2 4 5 6];
diag(C)
输出结果是：
ans =
　3
　4

　思考：如何产生已知数组 X 的指定对角线元素组成的二维对角数组？

（3）随机数组。

利用 MATLAB 可以方便地生成均匀分布和正态分布的随机数组。

- rand(m,n)可以产生 m 行 n 列的随机数组，其元素服从 0 到 1 的均匀分布。如 A=rand(2,4)。
- Rand(size(A))创建一个和 A 具有相同大小的随机数组。
- rand(m)创建一个 m 行 m 列的随机数组。
- randn 函数用于产生元素服从标准正态分布的随机数组。

【例 2.14】
randn(2,4)
输出结果是：（可能有所变化，因为是随机数组）
ans =

| -0.4326 | 0.1253 | -1.1465 | 1.1892 |
| -1.6656 | 0.2877 | 1.1909 | -0.0376 |

（4）魔方数组。

该数组为方阵（行列相等），而且每一行、每一列的元素之和都相等。

【例 2.15】
magic(3)
输出结果是：

ans =

8	1	6
3	5	7
4	9	2

3. 聚合矩阵

矩阵聚合时通过连接一个或多个矩阵来形成新的矩阵。符号[ ]不仅是矩阵构造符，它还是 MATLAB 聚合运算符。

C=[A B]水平方向上聚合 A 和 B；

C=[A;B]垂直方向上聚合 A 和 B；

其他聚合函数（自学）。

（1）cat：沿制定的维聚合矩阵；

（2）horzcat：水平聚合矩阵；

（3）vertcat：垂直聚合矩阵；

（4）repmat：通过复制和重叠矩阵创建新矩阵；

（5）blkdiag：用已有矩阵创建对角块矩阵。

4. 获取矩阵的元素

（1）利用编号和索引，可以获取矩阵的元素。

A(row,column)

【例 2.16】

A=magic(4)

A(4,2)　　%可以访问到矩阵 A 中第 4 行、第 2 列的数据。

输出结果是：

A =

16	2	3	13
5	11	10	8
9	7	6	12
4	14	15	1

ans =

　14

思考：A(8)=?

MATLAB 保存矩阵中的数据不是按照它们先是在命令窗口中的形状保存，而是作为单一元素列保存。所以 A 的保存方式？

矩阵 A 的大小为 m*n，位置（i,j）处的元素保存在序列中的位置(j-1)*m+i。

利用 sub2ind 将行列编号转换为线性索引。

sub2ind(size(A),m,n)

利用 ind2sub 将线性索引转换为行列编号。

[row col]=ind2sub(size(A),6)

（2）利用冒号运算符。

【例 2.17】

A=magic(4);

sum(A(1:4,4))可以获得矩阵 A 中 1 到 4 行第 4 列元素和。

输出结果是：

ans =

34

利用冒号本身可以引用矩阵某行或某列的所有元素。

【例 2.18】

sum(A(:,2))

输出结果是：

ans =

34

5. 获取与矩阵有关的信息

（1）length：返回最长维的长度；

（2）ndims：返回维数；

（3）numel：返回元素个数；

（4）size：返回每一维的长度。

2.2.2.3　字符串数组

字符串又称为字符数组，由多个字符连接而成。MATLAB 中，字符串一般用单引号括起来。

1. 创建字符串

对于字符串创建，MATLAB 是通过把字符放到单引号中来指定字符数据。

【例 2.19】

country='China'; whos country

输出结果是：

Name	Size	Bytes	Class	Attributes
country	1x5	10	char	

2. 创建二维字符串

创建二维字符串时，确定每行有相同的长度。

【例 2.20】

name=['li yi'; 'hu xu'];

用不同长度字符串创建二维数组时，将短字符串后面用空格补齐，使所有字符串长度相同。

【例 2.21】

name=['liu ying'; 'hu xu'];

利用 char 函数，自动以最长的输入字符串长度为标准，自动空格补齐。

【例 2.22】

name=char('liu ying', 'hu xu');

从数组中提取字符串时，用 deblank 删除后面空格。

【例 2.23】

```
trimname=deblank(name(2,:))
```

再用 size(trimname)查看一下，发现空格的确是删除掉了。

输出结果是：

```
ans =
        1        5
```

第 3 章　MATLAB 程序控制

本章重点

本章介绍 MATLAB 程序设计基础相关知识，掌握好本章对于以后的学习有着极为重要的意义，其中重点讲解了程序控制语句及求解方程方法。

（1）变量及运算符；

（2）M 文件介绍；

（3）程序控制结构；

（4）函数文件。

3.1　变量及运算符

3.1.1　变量的作用范围

局部变量：每个 MATLAB 函数都有自己的局部变量。局部变量的作用范围仅限于本函数，一旦运行超过本函数，变量的值将不再保留。

全局变量：用 global 关键字进行声明，作用范围是整个 M 文件。

【例 3.1】全局变量应用示例。

先建立函数文件 wadd.m，该函数将输入的参数加权相加。

```
function f=wadd(x,y)
global ALPHA BETA
f=ALPHA*x+BETA*y;
```

在命令窗口中输入：

```
global ALPHA BETA
ALPHA=1;
BETA=2;
s=wadd(1,2)
```

输出结果是：

```
s =
    5
```

将变量设置成全局变量的两种方式：

① 将该变量作为函数参数进行传递；

② 将该变量声明为全局变量。

推荐：采用函数方式。

3.1.2　运算符

3.1.2.1　算术运算符（见表 3.1）

表 3.1　算术运算符

运算符	说明	
+	加	
−	减	
.*	乘	
./	右除	对元素操作
.\	左除	
.^	幂	
.'	转置	
'	复数共轭转置	
*	矩阵相乘	
/	矩阵右除	对矩阵操作
\	矩阵左除	
^	矩阵的幂	

★★注意：

算术运算符 x=a\b 是方程 a*x =b 的解；x=b/a 是方程 x*a=b 的解。上两式中的 x 不是同一个 x，通常前者为行向量，后者为列向量。

3.1.2.2　比较运算符

比较运算符比较两个数的大小（见表 3.2）。

表 3.2　算术运算符

运算符	描述	运算符	描述
<	小于	>=	大于或等于
<=	小于或等于	==	等于
>	大于	~=	不等于

3.1.2.3　逻辑运算符

逻辑运算符判断对象或对象之间某种逻辑关系。

（1）针对数组。

&（and）——与；

|（or）——或；

~（not）——非；

xor——两个数组中相同位置的元素只有一个非 0 时，返回 1，否则返回 0（异或）；

any( )——如果矢量中有一个元素非 0，返回 1；否则返回 0；

all( )——如果矢量中所有元素非 0，返回 1，否则返回 0。

（2）表达式。

&&——符号两端表达式为真，true；

||——符号两端表达式有一个为真，true。

3.1.2.4　运算符的优先级

运算符的优先级别从高到低的顺序为：小括号＞转置、幂、复数共轭转置、矩阵的幂＞乘除等＞加减＞冒号操作符＞比较运算符＞AND＞OR＞&&＞||。

注意：不确定的加括号保证。

3.1.3　处理字符串表达式

eval：处理包含 MATLAB 表达式、语句或函数调用的字符串。

eval('string');

【例 3.2】

```
t='1/(m+n-1)';
k=2;
    for m=1:k
        for n=1:k
            a(m,n)=eval(t)
        end
    end
```

输出结果是：

```
a =
    1.0000    0.5000
    0.5000    0.3333
```

3.2　M文件介绍

3.2.1　基本介绍

用 MATLAB 语言编写的程序，称为 M 文件。M 文件可以根据调用方式的不同分为命令文件(Script File)和函数文件(Function File)两类。

命令文件：没有输入参数，也不返回输出参数；

函数文件：可以输入参数，也可返回输出参数。

3.2.2　M 文件的建立与编辑

M 文件是一个文本文件，它可以用任何文本编辑程序来建立和编辑，而一般常用且最为方便的是使用 MATLAB 提供的文本编辑器。

建立新的 M 文件：

（1）菜单操作 File—Open；

（2）命令操作 edit；

（3）命令按钮操作。

编辑已有的 M 文件：与建立新的 M 文件操作相同。

【例 3.3】分别建立命令文件和函数文件，将华氏温度 f 转换为摄氏温度 c。

程序 1：

首先建立命令文件并以文件名 f2c.m 存盘。

```
clear;                  %清除工作空间中的变量
f=input('Input Fahrenheit temperature：');
c=5*(f-32)/9
```

然后在 MATLAB 的命令窗口中输入 f2c，将会执行该命令文件，输出结果是：

```
Input Fahrenheit temperature：73
c = 22.7778
```

程序 2：

首先建立函数文件 f2c.m。

```
function c=f2c(f)
c=5*(f-32)/9
```

然后在 MATLAB 的命令窗口调用该函数文件。

```
clear;
y=input('Input Fahrenheit temperature：');
x=f2c(y)
```

输出结果是：

```
Input Fahrenheit temperature：70
c =
    21.1111
x =
    21.1111
```

3.3 程序控制结构

3.3.1 数据的输入

从键盘输入数据，则可以使用 input 函数来进行，该函数的调用格式为：

A=input(提示信息，选项)；

其中提示信息为一个字符串，用于提示用户输入什么样的数据。

如果在 input 函数调用时采用's'选项，则允许用户输入一个字符串。例如，想输入一个人的姓名，可采用命令：

```
xm=input('What's your name?','s');
```

3.3.2　数据的输出

MATLAB 提供的命令窗口输出函数主要有 disp 函数，其调用格式为 disp（输出项）。其中输出项既可以为字符串，也可以为矩阵。

【例 3.4】输入如下程序，得到结果。

```
A='Hello,MATLAB';
disp(A)
```

输出结果是：

```
Hello,MATLAB
```

【例 3.5】输入 x,y 的值，并将它们的值互换后输出。

程序如下：

```
x=input('Input x please.');
y=input('Input y please.');
z=x;
x=y;
y=z;
disp(x);
disp(y);
```

输出结果是：（令 x=3,y=5）

```
Input x please.3
Input y please.5
5
3
```

【例 3.6】求一元二次方程 $ax^2+bx+c=0$ 的根。

程序如下：

```
a=input('a=?');
b=input('b=?');
c=input('c=?');
d=b*b-4*a*c;
x=[(-b+sqrt(d))/(2*a),(-b-sqrt(d))/(2*a)];
disp(['x1=',num2str(x(1)),',x2=',num2str(x(2))]);
```

输出结果是：（令 a=3,b=4,c=5）

```
a=?3
b=?4
c=?5
x1=-0.66667+1.1055i,x2=-0.66667-1.1055i
```

3.3.3 程序的暂停

暂停程序的执行可以使用 pause 函数，其调用格式为：

pause（延迟秒数）

如果省略延迟时间，直接使用 pause，则将暂停程序，直到用户按任一键后程序继续执行。若要强行中止程序的运行可使用 Ctrl+BREAK 命令。

3.3.4 流程控制

3.3.4.1 选择结构

1. if 语句

在 MATLAB 中，if 语句有 3 种格式。

（1）单分支 if 语句：

if　条件

　　　语句组

　　end

当条件成立时，则执行语句组，执行完之后继续执行 if 语句的后继语句，若条件不成立，则直接执行 if 语句的后继语句。

（2）双分支 if 语句：

if　条件

　　　语句组 1

　　else

　　　语句组 2

　　end

当条件成立时，执行语句组 1，否则执行语句组 2，语句组 1 或语句组 2 执行后，再执行 if 语句的后继语句。

【例 3.7】计算分段函数的值。

程序如下：

```
x=input('请输入 x 的值:');
if x<=0
    y= (x+sqrt(pi))/exp(2);
else
    y=log(x+sqrt(1+x*x))/2;
end
y
```

输出结果是（令 x=3）：

请输入 x 的值：3

y =

　　0.9092

【例 3.8】 输入三角形的三条边，求面积。

```
A=input('请输入三角形的三条边：');
    if A(1)+A(2)>A(3) & A(1)+A(3)>A(2) & A(2)+A(3)>A(1)
        p=(A(1)+A(2)+A(3))/2;
        s=sqrt(p*(p-A(1))*(p-A(2))*(p-A(3)));
        disp(s);
    else
        disp('不能构成一个三角形。')
    end
```

输出结果是：（A 令三条边为 3、4、5；B 令三角形三条边为 3、4、8）

请输入三角形的三条边：[3 4 5]

6

请输入三角形的三条边：[3 4 8]

不能构成一个三角形。

★★注意：

输入三角形三条边时要用[ ]括起来，这是因为它们是变量 A 的元素。

（3）多分支 if 语句：

```
if    条件 1
            语句组 1
      else if 条件 2
            语句组 2
            ……
      else if 条件 m
            语句组 m
      else
            语句组 n
      end
```

语句用于实现多分支选择结构。

【例 3.9】 输入一个字符，若为大写字母，则输出其对应的小写字母；若为小写字母，则输出其对应的大写字母；若为数字字符则输出其对应的数值，若为其他字符则原样输出。

```
c=input('请输入一个字符', 's');
if c>='A' & c<='Z'
    disp(setstr(abs(c)+abs('a')-abs('A')));
elseif c>='a'& c<='z'
    disp(setstr(abs(c)- abs('a')+abs('A')));
elseif c>='0' & c<='9'
    disp(abs(c)-abs('0'));
```

```
else
    disp(c);
end
```

输出结果是（令 c=s）：

请输入一个字符 s

S

2. Switch 语句

根据表达式的值不同，执行不同的语句，其格式为：

```
switch  表达式
    case 表达式 1
        语句组 1
    case  表达式 2
        语句组 2
        ……
    case  表达式 m
        语句组 m
    otherwise
        语句组 n
end
```

【例 3.10】根据变量 num 的值来决定显示的内容。

```
num=input('请输入一个数');
switch num
case -1
    disp('I am a teacher.');
case 0
    disp('I am a student.');
case 1
    disp('You are a teacher.');
otherwise
    disp('You are a student.');
end
```

【例 3.11】某商场对顾客所购买的商品实行打折销售,标准如下(商品价格用 price 来表示).

price<200	没有折扣
200≤price<500	3%折扣
500≤price<1000	5%折扣
1000≤price<2500	8%折扣
2500≤price<5000	10%折扣
5000≤price	14%折扣

输入所售商品的价格，求其实际销售价格。

程序如下：

```
price=input('请输入商品价格');
switch fix(price/100)
    case {0,1}                      %价格小于 200
        rate=0;
    case {2,3,4}                    %价格大于等于 200 但小于 500
        rate=3/100;
    case num2cell(5:9)              %价格大于等于 500 但小于 1000
        rate=5/100;
    case num2cell(10:24)           %价格大于等于 1000 但小于 2500
        rate=8/100;
    case num2cell(25:49)           %价格大于等于 2500 但小于 5000
        rate=10/100;
    otherwise                       %价格大于等于 5000
        rate=14/100;
end
price=price*(1-rate)                %输出商品实际销售价格
```

3. try 语句

语句格式为：

```
try
    语句组 1
catch
    语句组 2
end
```

try 语句先试探性执行语句组 1，如果语句组 1 在执行过程中出现错误，则将错误信息赋给保留的 lasterr 变量，并转去执行语句组 2。

【例 3.12】矩阵乘法运算要求两矩阵的维数相容，否则会出错。先求两矩阵的乘积，若出错，则自动转去求两矩阵的点乘。

程序如下：

```
A=[1,2,3;4,5,6]; B=[7,8,9;10,11,12];
try
    C=A*B;
catch
    C=A.*B;
end
C
lasterr                  %显示出错原因
```

3.3.4.2 循环结构

1. for 语句

格式：for 循环变量=表达式 1:表达式 2:表达式 3

循环体语句

end

其中表达式 1 的值为循环变量的初值，表达式 2 的值为步长，表达式 3 的值为循环变量的终值。步长为 1 时，表达式 2 可以省略。

【例 3.13】一个三位整数各位数字的立方和等于该数本身则称该数为水仙花数。输出全部水仙花数。

程序如下：

```
for m=100:999
m1=fix(m/100);          %求 m 的百位数字
m2=rem(fix(m/10),10);   %求 m 的十位数字
m3=rem(m,10);           %求 m 的个位数字
if m==m1*m1*m1+m2*m2*m2+m3*m3*m3
disp(m)
end
end
```

输出结果是：

```
153
370
371
407
```

【例 3.14】已知当 n=100 时，求 y 的值。

程序如下：

```
y=0;
n=100;
for i=1:n
   y=y+1/(2*i-1);
end
y
```

输出结果是：

```
y =
    3.2843
```

【例 3.15】写出下列程序的执行结果。

```
s=0;
a=[12,13,14;15,16,17;18,19,20;21,22,23];
for k=a
```

```
        s=s+k;
    end
    disp(s');
```

输出结果是：

39　　48　　57　　66

for 语句更一般的格式为：

for 循环变量=矩阵表达式

　　　循环体语句

end

执行过程是依次将矩阵的各列元素赋给循环变量，然后执行循环体语句，直至各列元素处理完毕。

2. while 语句

while 语句的一般格式为：

while（条件）

　　　循环体语句

end

其执行过程为：若条件成立，则执行循环体语句，执行后再判断条件是否成立，如果不成立则跳出循环。

【例 3.16】从键盘输入若干个数，当输入 0 时结束输入，求这些数的平均值与它们的和。

```
sum=0;
cnt=0;
val=input('Enter a number (end in 0):');
while (val~=0)
    sum=sum+val;
    cnt=cnt+1;
    val=input('Enter a number (end in 0):');
end
if (cnt > 0)
    sum
    mean=sum/cnt
end
```

循环的嵌套：

如果一个循环结构的循环体又包括一个循环结构，就称为循环的嵌套，或称为多重循环结构。

多重循环的嵌套层数可以是任意的。可以按照嵌套层数，分别叫做二重循环、三重循环等。处于内部的循环叫作内循环，处于外部的循环叫作外循环。

【例 3.17】求[100,1000]以内的全部素数。

```
    n=0;
    for m=100:1000
        flag=1; j=m-1;
```

```
        i=2;
        while i<=j & flag
            if rem(m,i)==0
                flag=0;
            end

    i=i+1;
        end
    if flag
            n=n+1;
            prime(n)=m;
        end
    end
    prime    %变量 prime 存放素数
```

【例 3.18】若一个数等于它的各个真因子之和，则称该数为完数，如 6=1+2+3，所以 6 是完数。求[1,500]之间的全部完数。

```
for m=1:500
s=0;
for k=1:m/2
if rem(m,k)==0
s=s+k;
end
end
if m==s
    disp(m);
end
end
```

输出结果是：

6

28

496

3. break 语句和 continue 语句

与循环结构相关的语句还有 break 语句和 continue 语句。它们一般与 if 语句配合使用。

break 语句用于终止循环的执行。当在循环体内执行到该语句时，程序将跳出循环，继续执行循环语句的下一语句。

continue 语句控制跳过循环体中的某些语句。当在循环体内执行到该语句时，程序将跳过循环体中所有剩下的语句，继续下一次循环。

【例 3.19】求[100，200]之间第一个能被 21 整除的整数。

程序如下：

```
for n=100:200
if rem(n,21)~=0
        continue
end
break
end
n
```

输出结果是：
```
n =
   105
```

3.4　函数文件

函数文件是另一种形式的 M 文件，每一个函数文件都定义一个函数。事实上，MATLAB 提供的标准函数大部分都是由函数文件定义的。

3.4.1　函数文件的基本结构

函数文件由 function 语句引导，其基本结构为：

function 输出形参表=函数名（输入形参表）

注释说明部分

函数体语句

其中以 function 开头的一行为引导行，表示该 M 文件是一个函数文件。函数名的命名规则与变量名相同。输入形参为函数的输入参数，输出形参为函数的输出参数。当输出形参多于一个时，则应该用方括号括起来。

【例 3.20】编写函数文件求小于任意自然数 n 的 Fibonacci 数列各项。

```
function f=ffib(n)
    %用于求 Fibonacci 数列的函数文件
    %f=ffib(n)
    f=[1,1];
    i=1;
    while f(i)+f(i+1)<n
        f(i+2)=f(i)+f(i+1);
        i=i+1;
    end
```

【例 3.21】编写函数文件求半径为 r 的圆的面积和周长。

函数文件如下：

```
function [s,p]=fcircle(r)
%CIRCLE    calculate the area and perimeter of a circle of radii r
```

```
%r              圆半径
%s              圆面积
%p              圆周长
%2004 年 7 月 30 日编
s=pi*r*r;
p=2*pi*r;
```

输出结果是：（令 r=5）

```
[s,p]=fcircle(5)
s =
    78.5398
p =
    31.4159
```

3.4.2 函数调用

函数调用的一般格式是：

[输出实参表]=函数名(输入实参表)

要注意的是，函数调用时各实参出现的顺序、个数，应与函数定义时形参的顺序、个数一致，否则会出错。函数调用时，先将实参传递给相应的形参，从而实现参数传递，然后再执行函数的功能。

【例 3.22】利用函数文件，实现直角坐标(x,y)与极坐标(ρ,θ)之间的转换。

函数文件 tran.m：

```
function [rho,theta]=tran(x,y)
rho=sqrt(x*x+y*y);
theta=atan(y/x);
```

调用 tran.m 的命令文件 main1.m：

```
x=input('Please input x=:');
y=input('Please input y=:');
[rho,the]=tran(x,y);
```

输出结果是：（令 x=3,y=4）

```
Please input x=:3
Please input y=:4
rho =
     5
the =
    0.9273
```

在 MATLAB 中，函数可以嵌套调用，即一个函数可以调用别的函数，甚至调用它自身。一个函数调用它自身称为函数的递归调用。

【例 3.23】利用函数的递归调用，求 n!。

```
function f=factor(n)
    if n<=1
        f=1;
    else
        f=factor(n-1)*n;
    end
    return;                    %返回
在命令文件 main2.m 中调用函数文件 factor.m：
    for i=1:10
        fac(i)=factor(i);
    end
    fac
```

程序运行结果是：

```
fac =
    Columns 1 through 7
1          2          6          24        120        720        5040
Columns 8 through 10
40320      362880     3628800
```

3.4.3　函数所传递参数的可调性

MATLAB 在函数调用上有一个与众不同之处：函数所传递参数数目的可调性。凭借这一点，一个函数可完成多种功能。

在调用函数时，MATLAB 用两个永久变量 nargin 和 nargout 分别记录调用该函数时的输入实参和输出实参的个数。只要在函数文件中包含这两个变量，就可以准确地知道该函数文件被调用时的输入输出参数个数，从而决定函数如何进行处理。

【例 3.24】nargin 用法示例。

函数文件 examp.m：

```
    function fout=examp(a,b,c)
    if nargin==1
        fout=a;
    elseif nargin==2
        fout=a+b;
    elseif nargin==3
        fout=(a*b*c)/2;
    end
```

命令文件 mydemo.m：

```
    x=[1:3];y=[1;2;3];
```

```
examp(x)
examp(x,y')
examp(x,y,3)
```

输出结果是：

```
ans =
     1     2     3
ans =
     2     4     6
ans =
    21
```

第 4 章　MATLAB 的图形功能

本章重点

图形化是 MATLAB 发展史上里程碑式的一个飞跃，本章介绍 MATLAB 的图形功能，重点介绍二维和三维绘图，同时也概要介绍了不同的绘图表现形式。MATLAB 语言绘图有如下特点：

（1）MATLAB 不仅能绘制几乎所有的标准图形，而且其表现形式也是丰富多样的；

（2）MATLAB 语言不仅具有高层绘图能力，而且还具有底层绘图能力——句柄绘图方法。

本章从两个方面重点讲解：

（1）二维绘图；

（2）三维绘图。

4.1　二维绘图

4.1.1　基本的绘图指令

【例 4.1】在区间 $0 \leqslant x \leqslant 2\pi$ 内，绘制余弦曲线 y=cos(x)。

其程序为：

```
x=0:pi/100:2*pi;
y=cos(x);
plot(x,y)
```

图 4.1 是例 4.1 的绘图结果。

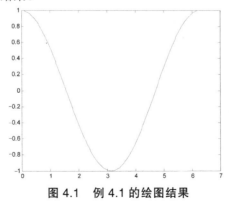

图 4.1　例 4.1 的绘图结果

4.1.1.1　plot——最基本的二维图形指令

1. plot 的功能

（1）plot 命令自动打开一个图形窗口 Figure；

（2）用直线连接相邻两数据点来绘制图形；

（3）根据图形坐标大小自动缩扩坐标轴，将数据标尺及单位标注自动加到两个坐标轴上，可自定坐标轴，可把 x, y 轴用对数坐标表示；

（4）如果已经存在一个图形窗口，plot 命令则清除当前图形，绘制新图形；

（5）可单窗口单曲线绘图，可单窗口多曲线绘图，可单窗口多曲线分图绘图，可多窗口绘图；

（6）可任意设定曲线颜色和线型；

（7）可给图形加坐标网线和图形加注功能。

2. plot 的调用格式

（1）plot(x)——缺省自变量绘图格式，x 为向量，以 x 元素值为纵坐标，以相应元素下标为横坐标绘图。

【例 4.2】

x=[0, 0.48,0.84,1,0.91,0.6,0.14]

plot (x)

图 4.2 是例 4.2 的绘图结果。

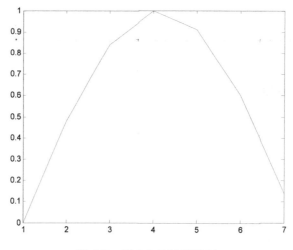

图 4.2　例 4.2 的绘图结果

★★注意：

*从图中可以看出，plot 命令是用直线连接相邻两数据点来绘制图形。之所以看到其他图形非常光滑，像是曲线连接，主要是因为数据点数较多，看起来像是曲线一样，实际上是直线连接相邻点。

*横坐标为相应元素下标，即元素在矩阵中的位置。

（2）plot(x,y)——基本格式，以 y(x) 的函数关系做出直角坐标图，如果 y 为 n×m 的矩阵，则以 x 为自变量，做出 m 条曲线。

【例 4.3】

t=0:pi/100:2*pi;y=sin(t); y1=sin(t+0.25); y2=sin(t+0.5);

y3=cos(t); y4=cos(t+0.25); y5=cos(t+0.5);

plot(t,[y',y1',y2',y3',y4',y5'])

图 4.3 是例 4.3 的绘图效果

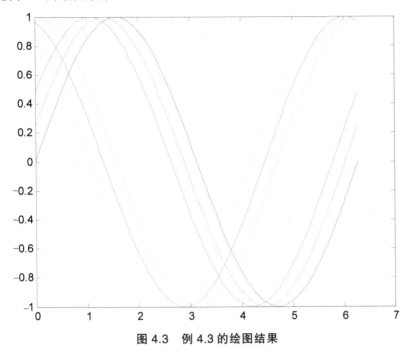

图 4.3　例 4.3 的绘图结果

（3）(x1,y1,x2,y2,…,xn,yn) ——另外一种 plot 绘制多条曲线的使用方法。

【例 4.4 】

```
t=0:pi/100:2*pi;
y=sin(t);y1=sin(t+0.25);y2=sin(t+0.5);
plot(t,y,t,y1,t,y2)
```

图 4.4 是例 4.4 的绘图结果。

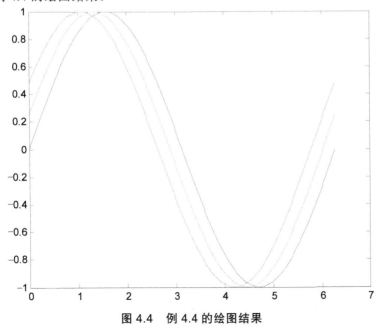

图 4.4　例 4.4 的绘图结果

（4）plot(x,y,'s') ——标准格式，带开关格式，开关量字符串 s 设定曲线颜色和绘图方式。

推荐格式：plot(x,y,'CLM')

其中 C 代表曲线的颜色（Colors），L 代表曲线的格式（Line Styles），M 代表曲线所用的线标（Markers）。

【例 4.5】

```
x = 0:0.5:4*pi;
y = sin(x);
plot(x, y,'k:diamond')
```

其中 K 代表黑色，：代表点画线，diamond 代表指定菱形为曲线的线标。图 4.5 是例 4.5 的绘图结果。

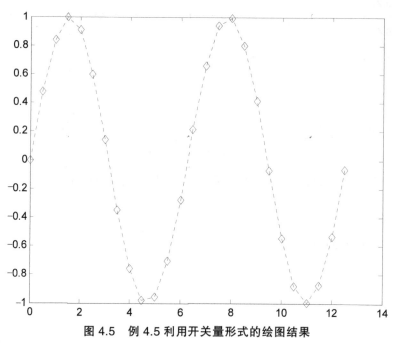

图 4.5　例 4.5 利用开关量形式的绘图结果

表 4.1～4.3 给出了 plot 指令的颜色选项列表、曲线样式列表和曲线符号格式列表。

表 4.1　plot 指令的颜色选项列表

序号	plot 指令	颜色
1	r	红色
2	g	绿色
3	b	蓝色
4	c	青蓝色
5	m	紫红色
6	y	黄色
7	k	黑色
8	w	白色

表 4.2　plot 指令的曲线样式列表

序号	plot 指令	颜色
1	-	实线（默认值）
2	--	虚线
3	:	点线
4	-.	点虚线

表 4.3　plot 指令的曲线符号格式列表

序号	plot 指令	颜色
1	+	加号
2	o	圆形
3	*	星号
4	.	点号
5	x	叉号
6	'square' or s	方形
7	'diamond' or d	菱形
8	^	上三角号
9	v	下三角号
10	>	右三角号
11	<	左三角号
12	'pentagram' or p	五角星号
13	'hexagram' or h	六角星号

◆记忆帮助：

如何记住 CLM 的相关各个选项呢？不需要死记硬背，只需要在 MATLAB 的 HELP 菜单中输入 plot 搜索，如图 4.6 所示。完成后选择第一个，在 Note 里面选择 LineSpec 即可看到 CLM 的各个相关选项，选择使用即可，如图 4.7 所示。

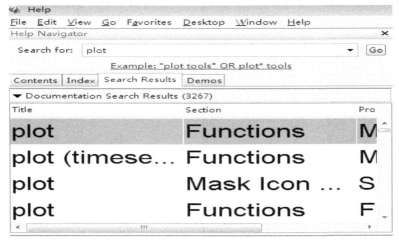

图 4.6　HELP 菜单中搜索 plot 命令

Description

plot(Y) plots the columns of Y versus their index if Y is a real number. If Y is complex, plot(Y) is equivalent to plot(real(Y),imag(Y)). In all other uses of plot, the imaginary component is ignored.

plot(X1,Y1,...) plots all lines defined by Xn versus Yn pairs. If only Xn or Yn is a matrix, the vector is plotted versus the rows or columns of the matrix, depending on whether the vector's row or column dimension matches the matrix. If Xn is a scalar and Yn is a vector, disconnected line objects are created and plotted as discrete points vertically at Xn.

plot(X1,Y1,LineSpec,...) plots all lines defined by the Xn,Yn,LineSpec triples, where LineSpec is a line specification that determines line type, marker symbol, and color of the plotted lines. You can mix Xn,Yn,LineSpec triples with Xn,Yn pairs: plot(X1,Y1,X2,Y2,LineSpec,X3,Y3).

> **Note** See LineSpec for a list of line style, marker, and color specifiers.

图 4.7　Note 里面选择 LineSpec

3. 具有两个纵坐标标度的图形

在 MATLAB 中，如果需要绘制出具有不同纵坐标标度的两个图形，可以使用 plotyy 绘图函数。调用格式为：

plotyy(x1,y1,x2,y2)

其中 x1,y1 对应一条曲线，x2,y2 对应另一条曲线。横坐标的标度相同，纵坐标有两个，左纵坐标用于 x1,y1 数据对，右纵坐标用于 x2,y2 数据对。

【例 4.6】用不同标度在同一坐标内绘制曲线。

y1=0.2e-0.5xcos(4πx)　和　y2=2e-0.5xcos(πx)

程序如下：

```
x=0:pi/100:2*pi;
y1=0.2*exp(-0.5*x).*cos(4*pi*x);
y2=2*exp(-0.5*x).*cos(pi*x);
plotyy(x,y1,x,y2)
```

图 4.8 是例 4.6 的输出结果。

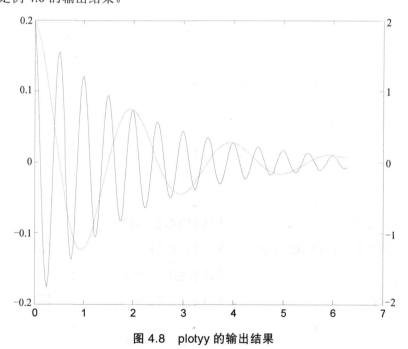

图 4.8　plotyy 的输出结果

4.1.1.2　辅助功能

1. 图形保持/刷新

hold on/off 命令控制是保持原有图形还是刷新原有图形，不带参数的 hold 命令在两种状态之间进行切换。

★★注意：

默认的是图形刷新方式。

【例 4.7】

采用图形保持，在同一坐标内绘制曲线 $y1=0.2e-0.5xcos(4πx)$ 和 $y2=2e-0.5xcos(πx)$。

程序如下：

```
x=0:pi/100:2*pi;
y1=0.2*exp(-0.5*x).*cos(4*pi*x);
y2=2*exp(-0.5*x).*cos(pi*x);
plot(x,y1);    hold on;
plot (x,y2)
```

图 4.9 是例 4.7 的输出结果。

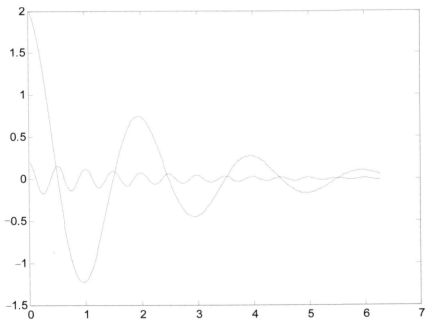

图 4.9　利用图形保持例 4.7 输出结果

2. 图形标记

在绘制图形的同时，可以对图形加上一些说明，如图形名称、图形某一部分的含义、坐标说明等，将这些操作称为添加图形标记。

- title('加图形标题');
- xlabel('加 X 轴标记');

- ylabel('加 Y 轴标记');
- text(X,Y,'添加文本');
- 设定坐标轴。

用户若对坐标系统不满意，可利用 axis 命令对其重新设定。

（1）axis([xmin xmax ymin ymax]) 设定最大和最小值。

axis	（'auto'）	将坐标系统返回到自动缺省状态
axis	（'square'）	将当前图形设置为方形
axis	（'equal'）	两个坐标因子设成相等
axis	（'off'）	关闭坐标系统
axis	（'on'）	显示坐标系统

【例 4.8 】

在坐标范围 $0 \leqslant x \leqslant 2\pi, -2 \leqslant y \leqslant 2$ 内重新绘制正弦曲线。

程序如下：

```
x=linspace(0,2*pi,60);
y=sin(x);
plot(x,y);
axis ([0 2*pi -2 2])
```

图 4.10 是例 4.8 的输出结果

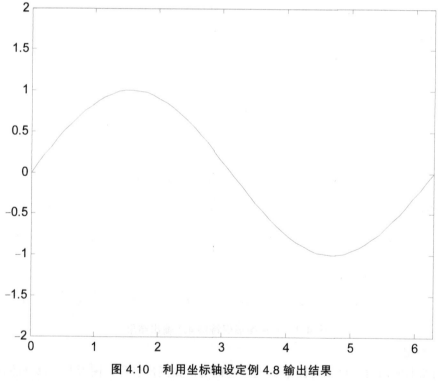

图 4.10 利用坐标轴设定例 4.8 输出结果

（2）加图例。

给图形加图例命令为 legend。该命令把图例放置在图形空白处，用户还可以通过鼠标移动图例，将其放到希望的位置。

格式：legend（'图例说明','图例说明'）；

【例 4.9】为正弦、余弦曲线增加图例。

程序如下：

```
x=0:pi/100:2*pi;
y1=sin(x);
y2=cos(x);
plot(x,y1,x,y2, '--');
legend('sin(x)','cos(x)');
```

图 4.11 是例 4.9 的输出结果。

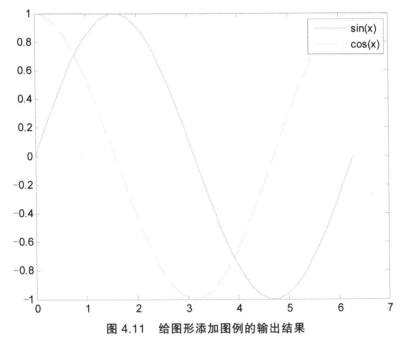

图 4.11　给图形添加图例的输出结果

（3）给坐标加网格线用 grid 命令来控制。

grid on/off 命令控制是画还是不画网格线，不带参数的 grid 命令在两种状态之间进行切换。

（4）给坐标加边框用 box 命令来控制。

box on/off 命令控制是加还是不加边框线，不带参数的 box 命令在两种状态之间进行切换。

（5）gtext——将标注加到图形任意位置。

★★注意：

gtext 运行后将产生一个十字光标线，将光标中心利用鼠标放到任意位置，点击鼠标左键，即可添加标注完成。

【例 4.10】综合运用。

程序如下：

```
t=0:0.1:10;
y1=sin(t);y2=cos(t);plot(t,y1,'r',t,y2,'b--');
x=[1.7*pi;1.6*pi];
```

```
y=[-0.3;0.8];
s=['sin(t)';'cos(t)'];
text(x,y,s);
title('正弦和余弦曲线');
legend('正弦','余弦')
xlabel('时间 t'),ylabel('正弦、余弦')
grid
axis square
```

图 4.12 是例 4.10 的输出图形。

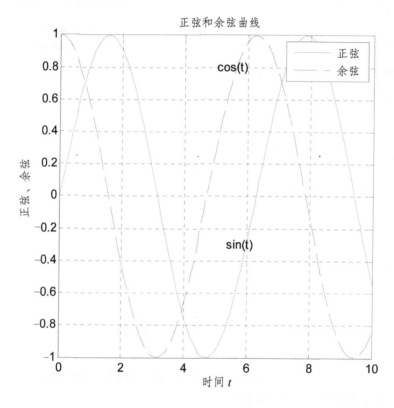

图 4.12　综合运用

4.1.1.3 分图绘图

1. 单窗口多曲线分图绘图

subplot(m,n,p)——按从左至右，从上至下排列。

该函数将当前图形窗口分成 m×n 个绘图区，即每行 n 个，共 m 行，区号按行优先编号，且选定第 p 个区为当前活动区。在每一个绘图区允许以不同的坐标系单独绘制图形。

【例 4.11】在一个图形窗口中同时绘制正弦、余弦、正切、余切曲线。

程序如下：

```
x=linspace(0,2*pi,60);
y=sin(x);
```

```
z=cos(x);
t=sin(x)./(cos(x)+eps); %eps 为系统内部常数
ct=cos(x)./(sin(x)+eps);
subplot(2,2,1); %分成 2×2 区域且指定 1 号为活动区
plot(x,y); title('sin(x)');axis ([0 2*pi -1 1]);
subplot(2,2,2); plot(x,z);title('cos(x)');axis ([0 2*pi -1 1]);
subplot(2,2,3);plot(x,t);title('tangent(x)');axis ([0 2*pi -40 40]);
subplot(2,2,4);plot(x,ct);title('cotangent(x)');axis ([0 2*pi -40 40])
```

图 4.13 是例 4.11 的输出结果。

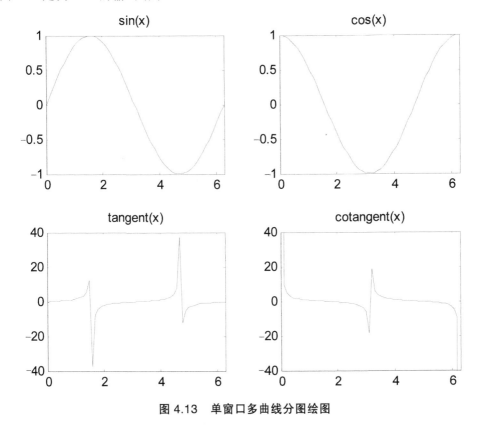

图 4.13　单窗口多曲线分图绘图

2. 多图形窗口

需要建立多个图形窗口，绘制并保持每一个窗口的图形，可以使用 figure 命令。

每执行一次 figure 命令，就创建一个新的图形窗口，该窗口自动为活动窗口，若需要还可以返回该窗口的识别号码，称该号码为句柄。句柄显示在图形窗口的标题栏中，即图形窗口标题。用户可通过句柄激活或关闭某图形窗口，而 axis、xlabel、title 等许多命令也只对活动窗口有效。

推荐形式：

figure(n) ——创建窗口函数，n 为窗口顺序号。

【例 4.12】

```
t=0:pi/100:2*pi;
```

```
y=sin(t);y1=sin(t+0.25);y2=sin(t+0.5);
plot(t,y)%自动出现第一个窗口
figure(2)
plot(t,y1)%在第二窗口绘图
figure(3)
plot(t,y2)%在第三窗口绘图
```

4.1.2 两种特殊的绘图

4.1.2.1 fplot 函数

调用格式为:

fplot(fname,lims,tol,选项)

其中 fname 为函数名,以字符串形式出现;lims 为 x,y 的取值范围;tol 为相对允许误差,其系统默认值为 2e-3;选项定义与 plot 函数相同。

fplot(fun,lims) — 绘制函数 fun 在 x 区间 lims=[xmin xmax]的函数图。

fplot(fun,lims,'corline') — 以指定线形绘图。

[x,y]=fplot(fun,lims) — 只返回绘图点的值,而不绘图。用 plot(x,y)来绘图。

【例 4.13】

fplot('[sin(x),tan(x),cos(x)]',2*pi*[-1 1 -1 1])

图 4.14 是例 4.13 的输出结果。

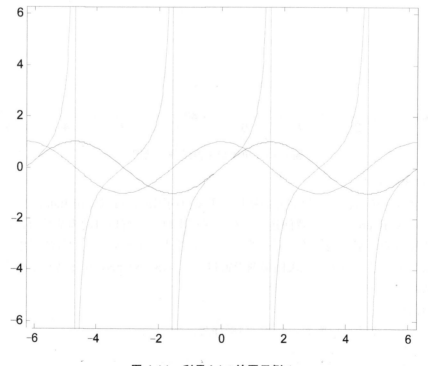

图 4.14　利用 fplot 绘图示例 1

【例 4.14】用 fplot 函数绘制 f(x)=cos(tan(πx))的曲线。

程序如下：

fplot('cos(tan(pi*x))',[0,1],1e-4)

图 4.15 是例 4.14 的输出结果。

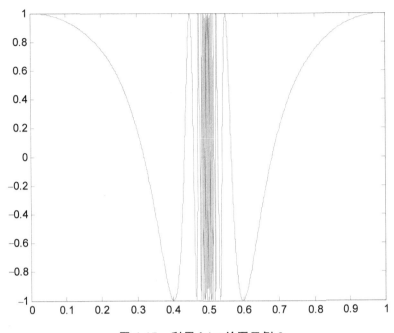

图 4.15　利用 fplot 绘图示例 2

思考：建立函数文件 fct.m，其内容为：

```
function    y=fct(x)
            y=cos(tan(pi*x));
fplot('fct',[0 1],1e-4)
```

可以么？

4.1.2.2　ezplot 函数——符号函数的简易绘图函数

ezplot 的调用格式：

ezplot(f)——这里 f 为包含单个符号变量 x 的符号表达式，在 x 轴的默认范围[-2*pi 2*pi]内绘制 f(x)的函数图；

ezplot(f,xmin,xmax)——给定区间；

ezplot(f,[xmin,xmax],figure(n))——指定绘图窗口绘图。

【例 4.15】

```
subplot(1,2,1)
ezplot('sin(x)')
subplot(1,2,2)
ezplot('sin(x)','cos(y)')
```

图 4.16 是例 4.15 的输出结果。

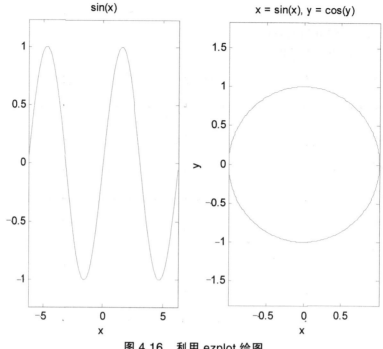

图 4.16　利用 ezplot 绘图

★★注意：

例 4.16 介绍了一种简便的画圆的方法，希望掌握。

4.1.3　其他二维绘图函数

4.1.3.1　fill 函数

fill 的功能：

【例 4.16】绘制二维多边形并填充颜色。

程序如下：

```
x=[1 2 3 4 5];y=[4 1 5 1 4];
fill(x,y,'r')
```

图 4.17 是例 4.16 的输出结果。

4.1.3.2　特殊二维绘图函数

- bar ——绘制直方图；

- polar ——绘制极坐标图；

- hist ——绘制统计直方图；

- stairs ——绘制阶梯图；

- stem ——绘制火柴杆图；

- rose ——绘制统计扇形图；
- comet ——绘制彗星曲线；
- errorbar ——绘制误差棒图；
- compass ——复数向量图（罗盘图）；
- feather ——复数向量投影图（羽毛图）；
- quiver ——向量场图；
- area ——区域图；
- pie ——饼图；
- convhull ——凸壳图；
- scatter ——离散点图。

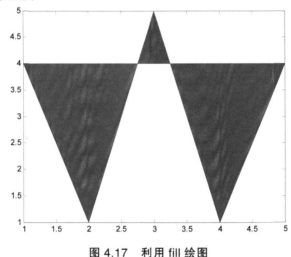

图 4.17　利用 fill 绘图

【例 4.17】绘制阶梯曲线。

程序如下：

```
x=0:pi/20:2*pi;y=sin(x);stairs(x,y)
```

图 4.18 是例 4.17 的输出结果。

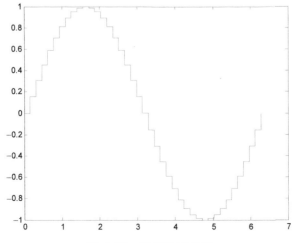

图 4.18　绘制阶梯曲线

【例 4.18】阶梯绘图。

程序如下：

```
h2=[1 1;1 -1];h4=[h2 h2;h2 -h2];
h8=[h4 h4;h4 -h4];t=1:8;
subplot(8,1,1);stairs(t,h8(1,:));axis('off')
subplot(8,1,2);stairs(t,h8(2,:));axis('off')
subplot(8,1,3);stairs(t,h8(3,:));axis('off')
subplot(8,1,4);stairs(t,h8(4,:));axis('off')
subplot(8,1,5);stairs(t,h8(5,:));axis('off')
subplot(8,1,6);stairs(t,h8(6,:));axis('off')
subplot(8,1,7);stairs(t,h8(7,:));axis('off')
subplot(8,1,8);stairs(t,h8(8,:));axis('off')
h2=[1 1;1 -1];h4=[h2 h2;h2 -h2];h8=[h4 h4;h4 -h4];
t=1:8;
for i=1:8
subplot(8,1,i);
stairs(t,h8(i,:))
axis('off')
end
```

图 4.19 是例 4.18 的输出结果。

图 4.19　绘制阶梯图

【例 4.19】绘制极坐标图。

程序如下：

```
t=0:2*pi/90:2*pi;y=cos(4*t);polar(t,y)
```

图 4.20 是例 4.19 的输出结果。

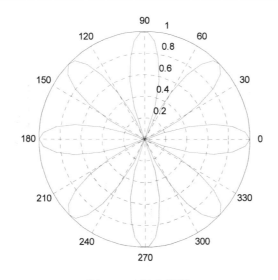

图 4.20　极坐标图

【例 4.20】绘制火柴杆图。

程序如下：

```
t=0:0.2:2*pi; y=cos(t); stem(y)
```

图 4.21 是例 4.20 的输出结果。

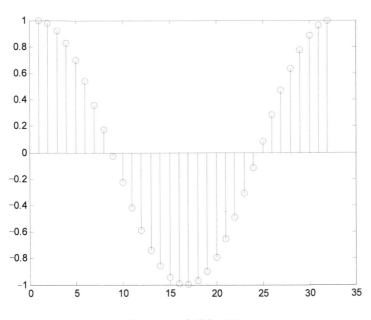

图 4.21　火柴杆绘图

【例 4.21】绘制直方图。

程序如下：

```
t=0:0.2:2*pi; y=cos(t); bar(y)
```

图 4.22 是例 4.21 的输出结果。

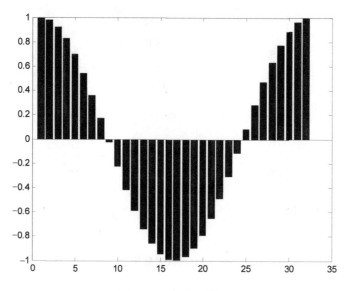

图 4.22　直方图绘图

【例 4.22】绘制彗星曲线图。

程序如下：

```
t= -pi:pi/500:pi;
y=tan(sin(t))-sin(tan(t)); comet(t,y)
```

图 4.23 是 4.22 的输出结果。

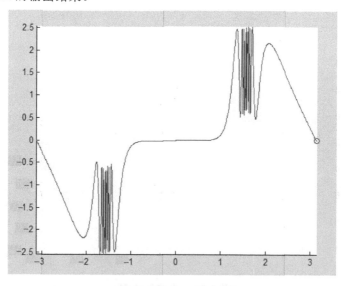

图 4.23　绘制彗星曲线图

【例 4.23】绘制面积图。

程序如下：

```
x=magic(6);area(x)
```

图 4.24 是例 4.23 的输出结果。

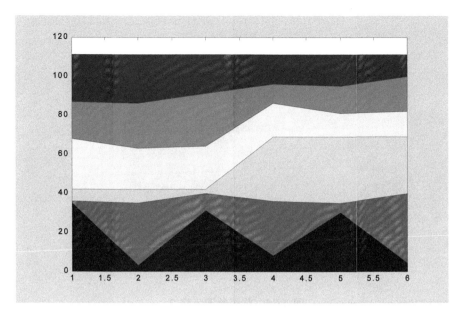

图 4.24   绘制面积图

【例 4.24】绘制饼图 1。

程序如下：

```
x=[1 2 3 4 5 6 7];y=[0 0 0 1 0 0 0];
pie(x,y)
```

图 4.25 是例 4.24 的输出结果。

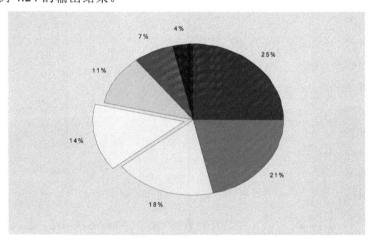

图 4.25   饼图绘图示例 1

【例 4.25】绘制饼图 2。

程序如下：

```
x=[1 2 3 4 5 6 7];y=[0 0 0 1 0 0 0];
pie(x,y,{'North','South','East','West','middle','fa','white'})
```

图 4.26 是例 4.25 的输出结果。

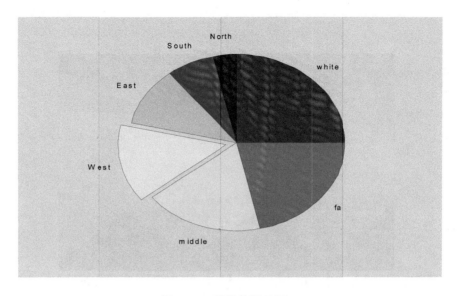

图 4.26　饼图绘图示例 2

【例 4.26】绘制散点图 1。

程序如下：

```
load seamount
scatter(x,y,50,z)
```

图 4.27 是例 4.26 的输出结果。

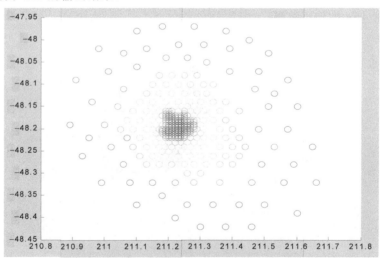

图 4.27　绘制散点图示例 1

【例 4.27】绘制散点图 2。

程序如下：

```
a=rand(200,1);b=rand(200,1); c=rand(200,1)
scatter(a,b,100,c,'p')
```

图 4.28 是例 4.27 的输出结果。

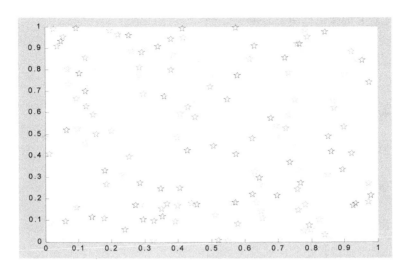

图 4.28　绘制散点图示例 2

4.2　三维绘图

4.2.1　三维曲线

4.2.1.1　plot3——基本的三维曲线绘图指令

它是将二维函数 plot 的有关功能扩展到三维空间，用来绘制三维图形。

plot3(x,y,z) ——x,y,z 是长度相同的向量；

plot3(X,Y,Z) ——X,Y,Z 是维数相同的矩阵；

plot3(x,y,z,s) ——带开关量；

plot3(x_1,y_1,z_1,'s_1', x_2,y_2,z_2,'s_2', …)。

4.2.1.2　辅助功能

二维图形的所有基本特性对三维图形全都适用。

axis([x_{min}　x_{max}　y_{min}　y_{max}　z_{min}　z_{max}]) 定义三维坐标轴大小；

grid on(off) 绘制三维网格；

text(x,y,z,'string') 三维图形标注；

子图和多窗口也可以用到三维图形中。

【例 4.28】绘制三维曲线 1。

程序如下：

```
t=0:pi/100:20*pi;
x=sin(t);y=cos(t);z=t.*sin(t).*cos(t);
plot3(x,y,z);
title('Line in 3-D Space');
xlabel('X');ylabel('Y');zlabel('Z');grid on;
```

图 4.29 是例 4.28 的输出结果。

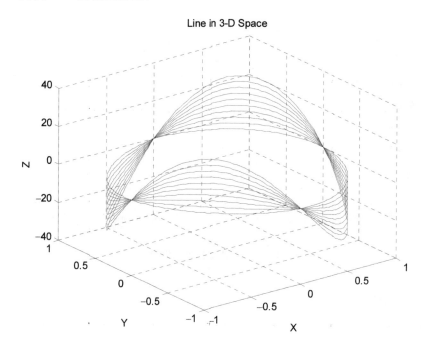

图 4.29　绘制三维曲线示例 1

【例 4.29】绘制三维曲线 2。

程序如下：

```
t=0:pi/50:10*pi;plot3(t,sin(t),cos(t),'r:')
```

图 4.30 是例 4.29 的输出结果。

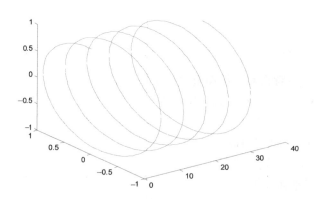

图 4.30　绘制三维曲线示例 2

【例 4.30】绘制三维饼图。

程序如下：

```
pie3([4 3 6 8 9])
```

图 4.31 是例 4.30 的输出结果。

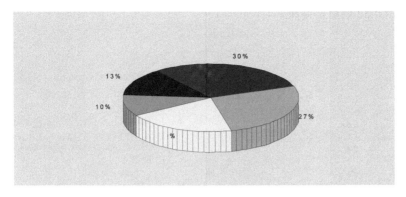

图 4.31 绘制三维饼图

4.2.2 三维曲面

4.2.2.1 三维网格图

1. 产生三维数据

在 MATLAB 中，利用 meshgrid 函数产生平面区域内的网格坐标矩阵。其格式为：

x=a:d1:b; y=c:d2:d;

[X,Y]=meshgrid(x,y)

语句执行后，矩阵 X 的每一行都是向量 x，行数等于向量 y 的元素的个数，矩阵 Y 的每一列都是向量 y，列数等于向量 x 的元素的个数。

2. 绘制三维曲面的函数

mesh 函数的调用格式为：

mesh(x,y,z,c)

其中 x,y 控制 X 和 Y 轴坐标；矩阵 z 是由(x,y)求得 Z 轴坐标；(x,y,z)组成了三维空间的网格点；c 用于控制网格点颜色。

mesh 函数用于绘制三维网格图。在不需要绘制特别精细的三维曲面结构图时，可以通过绘制三维网格图来表示三维曲面。三维曲面的网格图最突出的优点是：它较好地解决了实验数据在三维空间的可视化问题。

【例 4.31】绘制矩阵的三维网线图。

程序如下：

z=rand(6);z=round(z);

mesh(z);

图 4.32 是例 4.31 的输出结果。

【例 4.32】绘制三维曲面图 z=sin(x＋sin(y))－x/10。

程序如下：

[x,y]=meshgrid(0:0.25:4*pi);

z=sin(x+sin(y))-x/10;

mesh(x,y,z);   axis([0 4*pi 0 4*pi -2.5 1])

图 4.33 是例 4.32 的输出结果。

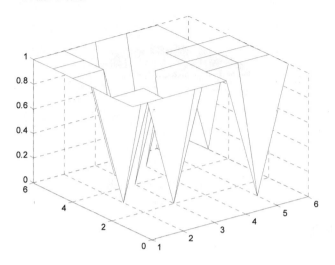

图 4.32 绘制矩阵的三维网线图

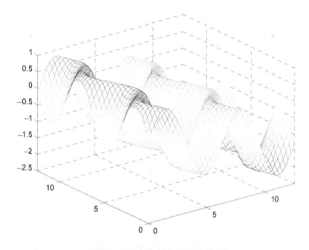

图 4.33 绘制三维网线图

此外，还有带等高线的三维网格曲面函数 meshc 和带底座的三维网格曲面函数 meshz。其用法与 mesh 类似，不同的是 meshc 还在 xy 平面上绘制曲面在 z 轴方向的等高线，meshz 还在 xy 平面上绘制曲面的底座。

【例 4.33】在 xy 平面内选择区域[-8,8]×[-8,8]，绘制 4 种三维曲面图。

程序如下：

```
[x,y]=meshgrid(-8:0.5:8);
z=sin(sqrt(x.^2+y.^2))./sqrt(x.^2+y.^2+eps);
subplot(2,2,1);mesh(x,y,z);title('mesh(x,y,z)')
subplot(2,2,2);meshc(x,y,z);title('meshc(x,y,z)')
subplot(2,2,3);meshz(x,y,z);title('meshz(x,y,z)')
subplot(2,2,4);surf(x,y,z);title('surf(x,y,z)')
```

图 4.34 是例 4.33 的输出结果。

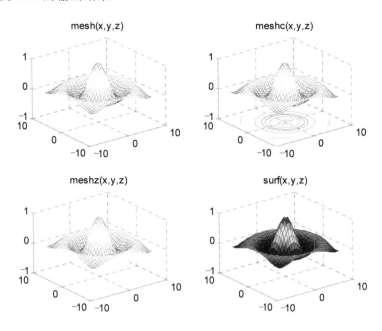

图 4.34　多种三维网线图

3. 三维网线图作图要领

● 生成坐标——　[X,Y]=meshgrid(x,y)。

● 表达式点运算——Z=X.^2+Y.^2。

　　默认方位角：−37.5°，俯角 30°。

　　meshgrid——网线坐标值计算函数。

　　z=f(x,y) ——根据 x,y 坐标找出 z 的高度。

● 绘图——mesh(x,y,z)。

【例 4.34】绘制 $Z=x^2+y^2$ 的三维网线图。

程序如下：

```
x=-5:5; y=x;
[X,Y]=meshgrid(x,y)          %生成坐标
Z=X.^2+Y.^2                  %表达式点运算
mesh(X,Y,Z)                  %绘图
```

图 4.35 是例 4.34 的输出结果。

4.2.2.2　三维曲面图

1. surf 函数

surf 是三维曲面绘图函数，与网格图看起来一样。

函数格式：surf (x,y,z)

其中 x，y 控制 X 和 Y 轴坐标；矩阵 z 是由 x，y 求得的曲面上 Z 轴坐标。

　　与三维网线图的区别：

网线图：线条有颜色，空档是无色的。

曲面图：线条是黑色的，空档有颜色（把线条之间的空档填充颜色，沿 Z 轴按每一网格变化）。

调用格式：surf(x,y,z) ——绘制三维曲面图，x,y,z 为图形坐标向量。

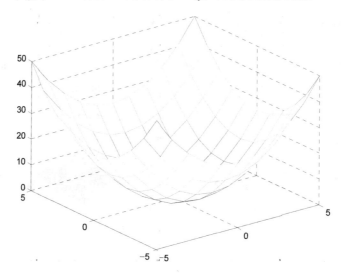

图 4.35　利用作图要领绘制三维网线图

【例 4.35】绘制三维曲面图。

程序如下：

```
[X,Y,Z]=peaks(30);          %peaks 为 matlab 自动生成的三维测试图形
surf(X,Y,Z);
```

图 4.36 是例 4.35 的输出结果。

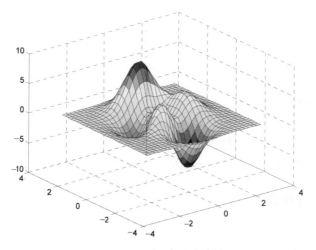

图 4.36　绘制三维曲面图

surfc(X,Y,Z) ——带等高线的曲面图。

【例 4.36】绘制带等高线的三维曲面图。

程序如下：

[X,Y,Z]=peaks(30);surfc(X,Y,Z)

图 4.37 是例 4.36 的输出结果。

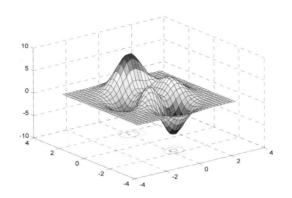

图 4.37　绘制带等高线的三维曲面图

surfl(X,Y,Z)——被光照射带阴影的曲面图

【例 4.37】绘制带阴影的三维曲面图。

程序如下：

[X,Y,Z]=peaks(30);surfl(X,Y,Z)

图 4.38 是例 4.37 的输出结果。

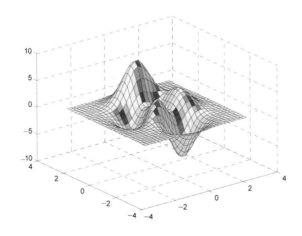

图 4.38　绘制带阴影的三维曲面图

2. cylinder(r,n) 函数

cylinder(r,n)是三维柱面绘图函数，其中 r 为半径，n 为柱面圆周等分数。

【例 4.38】绘制三维陀螺锥面图。

程序如下：

```
t1=0:0.1:0.9;t2=1:0.1:2;r=[t1 -t2+2];
[x,y,z]=cylinder(r,30); surf(x,y,z); grid
```

图 4.39 是例 4.38 的输出结果。

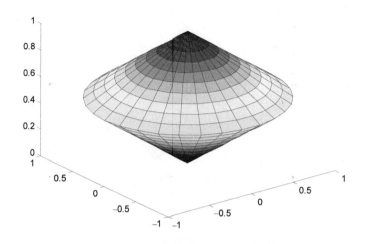

图 4.39   绘制三维陀螺锥面图

3. sphere(n)函数

sphere（n）是三维柱面绘图函数，其中 n 为球面等分数，缺省为 20。

【例 4.39】绘制三维球面图。

程序如下：

`[x,y,z]=sphere(30);surf(x,y,z);`

绘图结果如图 4.40 所示。

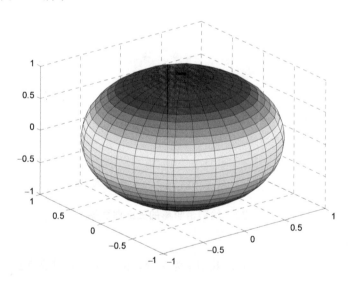

图 4.40   绘制三维球面图

【例 4.40】绘制标准三维曲面图。

程序如下：

```
t=0:pi/20:2*pi;
[x,y,z]= cylinder(2+sin(t),30);
subplot(2,2,1);
subplot(2,2,2); surf(x,y,z);pause;
[x,y,z]=sphere(30);
surf(x,y,z);
subplot(2,1,2);
[x,y,z]=peaks(30);
surf(x,y,z);
```

绘图结果如图 4.41 所示。

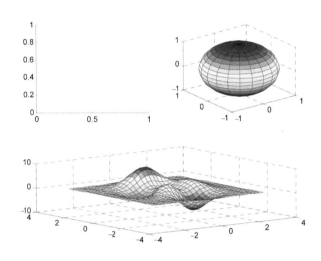

图 4.41　绘制三维标准曲面图

★★注意：

学习上例的运行过程，分析为什么会出现最终如图所示的输出结果。

4.2.2.3　其他的三维图形

在介绍二维图形时，曾提到条形图、杆图、饼图和填充图等特殊图形，这些图形还可以以三维形式出现，使用的函数分别是 bar3、stem3、pie3 和 fill3。另外还介绍了其他修饰。

1. bar3 函数

Bar3 函数绘制三维条形图，常用格式为：

bar3(y)

bar3(x,y)

2. stem3 函数

stem3 函数绘制离散序列数据的三维杆图，常用格式为：

stem3(z)

stem3(x,y,z)

3. pie3 函数

pie3 函数绘制三维饼图，常用格式为：

pie3(x)

4. fill3 函数

fill3 函数等效于三维函数 fill，可在三维空间内绘制出填充过的多边形，常用格式为：

fill3(x,y,z,c)

【例 4.41】绘制标准图形。

- 绘制魔方阵的三维条形图；
- 以三维杆图形式绘制曲线 y=2sin(x)；
- 已知 x=[2347,1827,2043,3025]，绘制饼图；
- 用随机的顶点坐标值画出五个黄色三角形。

程序如下：

```
subplot(2,2,1);bar3(magic(4))
subplot(2,2,2);y=2*sin(0:pi/10:2*pi);stem3(y);
subplot(2,2,3);pie3([2347,1827,2043,3025]);
subplot(2,2,4);fill3(rand(3,5),rand(3,5),rand(3,5), 'y' )
```

绘图结果如图 4.42 所示。

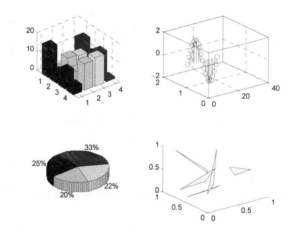

图 4.42　绘制三维标准曲面图

【例 4.42】绘制多峰函数的瀑布图和等高线图。

程序如下：

```
subplot(1,2,1);[X,Y,Z]=peaks(30);
waterfall(X,Y,Z);xlabel('X-axis'),ylabel('Y-axis'),zlabel('Z-axis');
subplot(1,2,2);contour3(X,Y,Z,12,'k');        %其中 12 代表高度的等级数
xlabel('X-axis'),ylabel('Y-axis'),zlabel('Z-axis');
```

绘图结果如图 4.43 所示。

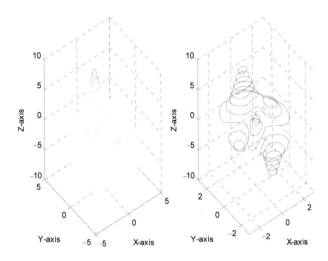

图 4.43　绘制多峰函数的瀑布图和等高线图

5. 其他修饰

其他修饰有：

· 水线修饰（waterfall)；

· 等高线修饰。

（1）二维：contour(Z,n) ——绘制 n 条等高线；

C= contourc(Z,n) ——计算 n 条等高线的坐标；

clabel(c) ——给等高线加标注。

【例 4.43】在二维平面上绘制 peaks 函数的 10 条等高线。

程序如下：

```
contour(peaks,10);
C=contourc(peaks,10);clabel(C)
```

绘图结果如图 4.44 所示。

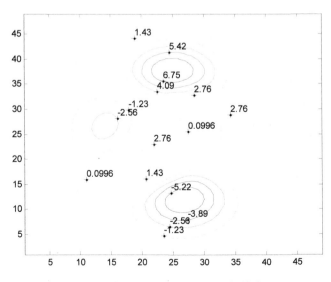

图 4.44　在二维平面上绘制 10 条等高线

（2）三维：contour3(Z,n) ——绘制 n 条等高线。

【例 4.44】绘制 peaks 函数的三维 10 条等高线。

contour3(peaks,20)

绘图结果如图 4.45 所示。

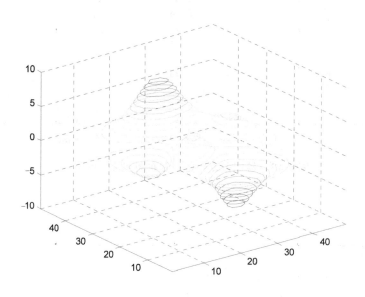

图 4.45　绘制三维等高线

4.3　图形修饰处理（自学内容）

4.3.1　视点处理

MATLAB 提供了设置视点的函数 view，其调用格式为：

view(az,el)

其中 az 为方位角，el 为仰角，它们均以度为单位。系统缺省的视点定义为方位角-37.5°，仰角 30°。

【例 4.45】观察不同视角的波峰图形。

程序如下：

```
z=peaks(40);
subplot(2,2,1);mesh(z);
subplot(2,2,2);mesh(z);view(-15,60);
subplot(2,2,3);mesh(z);view(-90,0);
subplot(2,2,4);mesh(z);view(-7,-10);
```

绘图结果如图 4.46 所示。

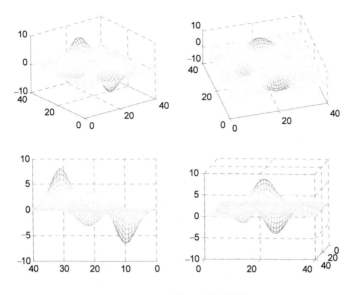

图 4.46　绘制不同视角图

4.3.2　色彩处理

4.3.2.1　颜色的向量表示

MATLAB 除用字符表示颜色外，还可以用含有 3 个元素的向量表示颜色。向量元素在[0,1]范围取值，3 个元素分别表示红、绿、蓝 3 种颜色的相对亮度，称为 RGB 三元组。

4.3.2.2　色　图

色图(Colormap)是 MATLAB 系统引入的概念。在 MATLAB 中，每个图形窗口只能有一个色图。色图是 m×3 的数值矩阵，它的每一行是 RGB 三元组。色图矩阵可以人为地生成，也可以调用 MATLAB 提供的函数来定义色图矩阵。

matlab 的色图函数：

hsv ——饱和值色图；

gray ——线性灰度色图；

hot——暖色色图；

cool ——冷色色图；

bone ——蓝色调灰色图；

copper——铜色色图；

pink——粉红色图；

prism——光谱色图；

jet——饱和值色图 Ⅱ；

flag——红、白、蓝交替色图。

4.3.2.3 三维表面图形的着色

三维表面图实际上就是在网格图的每一个网格片上涂上颜色。surf 函数用缺省的着色方式对网格片着色。除此之外，还可以用 shading 命令来改变着色方式。

shading faceted 命令将每个网格片用其高度对应的颜色进行着色，但网格线仍保留着，其颜色是黑色。这是系统的缺省着色方式。

shading flat 命令将每个网格片用同一个颜色进行着色，且网格线也用相应的颜色，从而使得图形表面显得更加光滑。

shading interp 命令在网格片内采用颜色插值处理，得出的表面图显得最光滑。

（1）shading faceted——网格修饰，缺省方式，如图 4.47 所示。

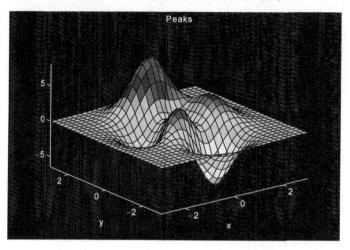

图 4.47　shading faceted 网格修饰缺省方式

（2）shading flat——去掉黑色线条，根据小方块的值确定颜色，如图 4.48 所示。

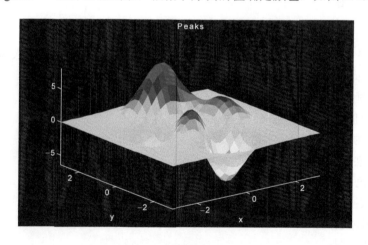

图 4.48　shading flat 方式

（3）shading interp——颜色整体改变，根据小方块四角的值差补过度点的值确定颜色，如图 4.49 所示。

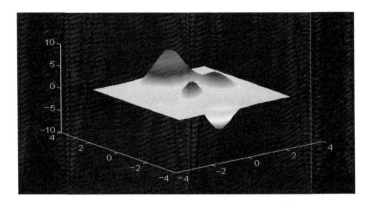

图 4.49　shading interp 方式

（4）暖色色图 colormap(hot)，如图 4.50 所示。

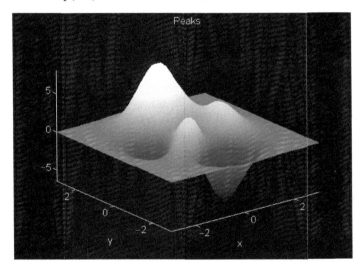

图 4.50　暖色色图方式

（5）冷色色图 colormap(cool)，如图 4.51 所示。

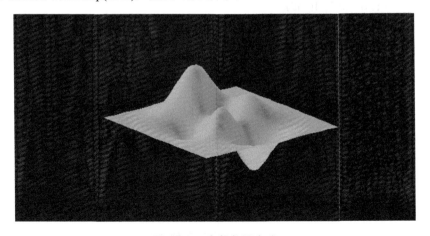

图 4.51　冷色色图方式

【例 4.46】观察 3 种图形着色方式的效果展示。

程序如下：

```
[x,y,z]=sphere(20);
colormap(copper);
subplot(1,3,1);surf(x,y,z);axis equal
subplot(1,3,2);surf(x,y,z);shading flat;axis equal
subplot(1,3,3);surf(x,y,z);shading interp;axis equal
```

绘图结果如图 4.52 所示。

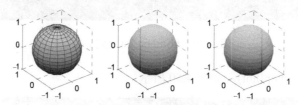

图 4.52　3 种图形着色方式

4.3.3　光照处理

MATLAB 提供了灯光设置的函数，其调用格式为：

light('Color',选项 1,'Style',选项 2,'Position',选项 3)

【例 4.47】光照处理后的球面。

程序如下：

```
[x,y,z]=sphere(20);
subplot(1,2,1);surf(x,y,z);axis equal;
light('Posi',[0,1,1]);shading interp;hold on;
plot3(0,1,1,'p');text(0,1,1,' light');
subplot(1,2,2);surf(x,y,z);axis equal;
light('Posi',[1,0,1]);shading interp;hold on;
plot3(1,0,1,'p');text(1,0,1,' light');
```

绘图效果如图 4.53 所示。

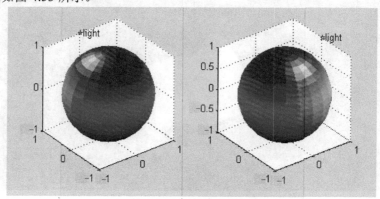

图 4.53　光照处理后的球面

第 5 章　MATLAB 解方程和符号计算

本章重点

本章讲述了线性、非线性方程组及函数极值的求解方法，对符号表达式进行了讲解，介绍了符号表达式及多项式计算的相关函数。重点如下：

（1）方程组求解；

（2）函数极值计算；

（3）符号表达式及多项式计算函数。

5.1　MATLAB 解方程

对于线性方程组的研究，我国比欧洲至少要早 1 500 年的历史，相信读者在《线性代数》的学习中已经对求解线性方程的原理以及过程了如指掌，但是繁杂的数学计算也经常使得在解题过程中出错。MATLAB 中包含了多种处理线性方程组的命令，只要跟随本节学习，就从繁琐的计算中解放出来，应用 MATLAB 灵活地解决相关数学计算问题。

5.1.1　MATLAB 解线性方程

设有线性方程组

$$\begin{cases} a_{11}x_1 + a_{12}x_2 + \cdots + a_{1n}x_n = b_1 \\ a_{21}x_1 + a_{22}x_2 + \cdots + a_{2n}x_n = b_2 \\ \quad\vdots \\ a_{n1}x_1 + a_{n2}x_2 + \cdots + a_{nn}x_n = b_n \end{cases} \tag{5.1}$$

若方程组（5.1）中 $b_1, b_2, \cdots, b_n$ 不全为零，则称该方程组为非齐次线性方程组；若方程组中 $b_1 = b_2 = \cdots = b_n = 0$，则称方程组为齐次线性方程组。由线性代数的基本知识可知，求解线性方程组可分为两种类型，第一种是求解方程组唯一解或特解，第二种是求解方程组的通解。若：

$$A = \begin{bmatrix} a_{11} & a_{12} & \cdots & a_{1n} \\ a_{21} & a_{21} & \cdots & a_{2n} \\ \vdots & & & \\ a_{n1} & a_{n2} & \cdots & a_{nn} \end{bmatrix} \quad X = \begin{bmatrix} x_1 \\ x_2 \\ \vdots \\ x_n \end{bmatrix} \quad B = \begin{bmatrix} b_1 \\ b_2 \\ \vdots \\ b_n \end{bmatrix} \tag{5.2}$$

注：本章在文字介绍中将表示矩阵的字母等用黑斜体字母表示，而在 MATLAB 程序或命令介绍中表示矩阵的字母未采用黑斜体。

则方程组（5.1）可写成：$AX=B$；A 称为系数矩阵，解方程组可先通过系数矩阵的秩来判断方程组解的情况。用 $R(\ )$ 表示矩阵的秩，那么，

（1）$R(A)<R(B) \Leftrightarrow$ 无解；

（2）$R(A)=R(B)=n \Leftrightarrow$ 方程组有唯一的解；

（3）$R(A)=R(B)<n \Leftrightarrow$ 方程组有无穷多个解。

线性方程组的无穷多个解=齐次方程组的通解+非齐次方程组的一个特解。

5.1.1.1　利用矩阵的逆或除法求解

已有方程组 $AX=B$：

（1）采用求逆运算：$A^{-1}AX = A^{-1}B$，则 $X = A^{-1}B$；在 MATLAB 中求逆运算表示为 inv（）因此，在 MATLAB 中求解该方程可写为：$X = \text{inv}(A) * B$。

（2）MATLAB 还提供了左除 "\" 运算符来简化方程组的求解，$X = A \backslash B$

【例 5.1】解线性方程组。

$$\begin{cases} 2x_1 - x_2 + 5x_3 + x_4 = 12 \\ x_1 - 5x_2 + 7x_4 = 9 \\ 2x_2 + 2x_3 - x_4 = 0 \\ x_1 + 6x_2 - 7x_3 + 4x_4 = -4 \end{cases}$$

MATLAB 中运行程序为：

```
%输入矩阵 A，b
A=[2,-1,5,1;1,-5,0,7;0,2,2,-1;1,6,-7,4];
b=[12,9,0,-4]';        %分别使用左除运算符和求逆运算求解，解分别放入变量 x1 与 x2 中
x1=A\b;
x2=inv(A)*b;
```

现在我们将结果 x1 与 x2 输出，可见计算结果是一样。

```
>> x1
x1 =
    3.6043
   -0.5982
    0.7699
    0.3436
>> x2
x2 =
    3.6043
   -0.5982
    0.7699
    0.3436
```

5.1.1.2　利用增广矩阵求解

在线性代数中，将系数矩阵和常数列构成的矩阵称之为增广矩阵，MATLAB 中提供 rref（）

函数求解线性方程，求得的矩阵的最后一列元素就是所求方程组的解。

【例 5.2】用 rref( )函数解例 5.1 中的线性方程组。

MATLAB 中运行程序为：

```
%输入矩阵 A，b
A=[2,-1,5,1;1,-5,0,7;0,2,2,-1;1,6,-7,4];
b=[12,9,0,-4]';
%构成增广矩阵
B=[A,b];
%求解，矩阵中最后一列为方程解
x=rref(B);
```

现在查看一下程序运行后的增广矩阵和求解结果：

```
>> B
B =
```

2	-1	5	1	12
1	-5	0	7	9
0	2	2	-1	0
1	6	-7	4	-4

```
>> x
x =
```

1.0000	0	0	0	3.6043
0	1.0000	0	0	-0.5982
0	0	1.0000	0	0.7699
0	0	0	1.0000	0.3436

矩阵 x 中最后一列即为方程组的解，可见其结果与例 5.1 求解的结果是一致的。

5.1.1.3　齐次与非齐次线性方程组求解

在 MATLAB 中，提供函数 null（）求解方程组 $AX=0$ 的解空间，即求解零空间，求出的矩阵 X 是一个正交矩阵，调用格式如下：

Z=null(A)——返回矩阵 A 的化零矩阵，如果化零矩阵不存在则返回空矩阵；

Z=null(A,'r')——返回有理数形式的化零矩阵。

【例 5.3】（1）求齐次线性方程组的通解。

$$\begin{cases} x_1 + x_2 - x_3 - x_4 = 0 \\ 2x_1 - 5x_2 + 3x_3 + 2x_4 = 0 \\ 7x_1 - 7x_2 + 3x_3 + x_4 = 0 \end{cases}$$

MATLAB 中运行程序为：

```
%输入矩阵 A
A=[1,1,-1,-1;2,-5,3,2;7,-7,3,1];
%求矩阵 A 的秩
r=rank(A);
```

%指定有理格式输出

format rat;

x=null(A,'r')

查看运行结果：

x =

2/7	3/7
5/7	4/7
1	0
0	1

因此可知该方程组的通解为：$\begin{bmatrix} x_1 \\ x_2 \\ x_3 \\ x_4 \end{bmatrix} = c_1 \begin{bmatrix} \frac{2}{7} \\ \frac{5}{7} \\ 1 \\ 0 \end{bmatrix} + c_2 \begin{bmatrix} \frac{3}{7} \\ \frac{4}{7} \\ 0 \\ 1 \end{bmatrix}, (c_1, c_2 \in R)$

（2）求解非齐次线性方程组。

$$\begin{cases} x_1 - 2x_2 + 3x_3 - x_4 = 1 \\ 3x_1 - x_2 + 5x_3 - 3x_4 = 2 \\ 2x_1 + x_2 + 2x_3 - 2x_4 = 3 \end{cases}$$

MATLAB 中运行程序为：

```
%输入矩阵 A，b
A=[1,-2,3,-1;3,-1,5,-3;2,1,2,-2];
b=[1;2;3];
B=[A,b];
%求矩阵 A 的大小
[m,n]=size(A);          %求矩阵 A,B 的秩
RA=rank(A);
Rb=rank(B);     %指定有理格式输出
format rat;      %判断方程组解的情况,如果有解就继续计算求解，如果无解则输出无解
if RA==Rb&RA==n
   disp('有唯一解');
     x=A\b
   disp('方程组解为：\n','x=','%f',x);
else if RA==Rb&RA<n
        disp('有无穷多个解');
        %求特解
        x1=A\b;
        x2=null(A,'r');
    else
```

                 disp('无解');
end
查看运行结果：
无解
因为矩阵 A 的秩为 2，增广矩阵的秩为 3，因此，该方程组无解。
（3）求解非齐次线性方程组。

$$\begin{cases} x_1 + x_2 - 3x_3 - x_4 = 1 \\ 3x_1 - x_2 - 3x_3 + 4x_4 = 4 \\ x_1 + 5x_2 - 9x_3 - 8x_4 = 0 \end{cases}$$

在 MATLAB 中输入上一例题的程序，只是将矩阵 A 与矩阵 b 更改为：
A=[1，1，-3，-1；3，-1，-3，4；1，5，-9，-8]，b=[1；4；0]
则运行后结果为：
有无穷多个解
x1 =
   0
   0
   -8/15
   3/5
x2 =

3/2	-3/4
3/2	7/4
1	0
0	1

因此，方程组的解为：$x = c_1 \begin{bmatrix} \dfrac{3}{2} \\ \dfrac{3}{2} \\ 1 \\ 0 \end{bmatrix} + c_2 \begin{bmatrix} -\dfrac{3}{4} \\ \dfrac{7}{4} \\ 0 \\ 1 \end{bmatrix} + \begin{bmatrix} \dfrac{5}{4} \\ -\dfrac{1}{4} \\ 0 \\ 0 \end{bmatrix}$，$(c_1, c_2 \in \boldsymbol{R})$

5.1.1.4 采用分解矩阵法求解

在实际应用中常遇到大型方程组的求解问题，这时采用分解矩阵的方法求解方程组。矩阵分解是根据一定的原理用某种算法将一个矩阵分解成若干个矩阵的乘积，常见的矩阵分解有 $\boldsymbol{LU}$ 分解、$\boldsymbol{QR}$ 分解、Cholesky 分解等，这样做的优点是大大提高运算速度，节省计算机磁盘空间，同时节省内存。

1. $\boldsymbol{LU}$ 分解

$\boldsymbol{LU}$ 分解也被称为 Gauss 消去法，它可以将任意一个方阵 A 分解为一个"心理"下三角矩阵（下三角矩阵和置换矩阵的乘积）和上三角矩阵的乘积，即：$A=LU$，则，方程组 $\boldsymbol{AX} \approx \boldsymbol{B}$ 变换为 $\boldsymbol{LUX}=\boldsymbol{B}$，那么，$\boldsymbol{X}=\boldsymbol{U}\backslash(\boldsymbol{L}\backslash\boldsymbol{B})$。MATLAB 提供 $\boldsymbol{LU}$ 函数用于对矩阵进行 $\boldsymbol{LU}$ 分解，其调用格

式为：

[L,U]=lu(X)：产生一个上三角阵 **U** 和一个变换形式的下三角阵 **L**(行交换)，使之满足 **X=LU**。

[L,U,P]=lu(X)：产生一个上三角阵 **U** 和一个下三角阵 **L** 以及一个置换矩阵 **P**，使之满足 **PX=LU**。

实现第一种格式的 **LU** 分解后，线性方程组 **Ax=b** 的解为 **x=U\(L\b)**；实现第二种格式的 **LU** 分解后，线性方程组 **Ax=b** 的解为 **x=U\(L\P*b)**。

【**例** 5.4】用 **LU** 分解求解例 5.1。

MATLAB 中运行程序为：

```
%输入矩阵 A，b
A=[2,-1,5,1;1,-5,0,7;0,2,2,-1;1,6,-7,4];
b=[12,9,0,-4]';
%采用第一种格式求解
[L,U]=lu(A);
x1=U\(L\b)
%采用第二种格式求解
[L,U,P]=lu(A);
x2=U\(L\P*b)
```

现在查看两种不同格式求解的结果：

```
x1 =
    3.6043
   -0.5982
    0.7699
    0.3436
x2 =
    3.6043
   -0.5982
    0.7699
    0.3436
```

★★注意：

只能对方阵进行 **LU** 分解，这是因为线性代数中已经证明，只要方阵 **A** 是非奇异的，**LU** 分解总是可以进行的。

2. **QR** 分解

QR 分解也被称为正交分解，它将一个 **M*N** 的矩阵分解为一个正交矩阵 **Q** 和一个上三角矩阵 **R** 的乘积，即 **A=QR**。MATLAB 提供的函数 qr( )可用于对矩阵进行 **QR** 分解，其调用格式为：

[Q,R]=qr(X)：产生一个正交矩阵 **Q** 和一个上三角矩阵 **R**，使之满足 **X=QR**。

[Q,R,E]=qr(X)：产生一个正交矩阵 **Q**、一个上三角矩阵 **R** 以及一个置换矩阵 **E**，使之满

足 **XE=QR**。

实现第一种格式的 **QR** 分解后，线性方程组 **Ax=b** 的解为 **x=R\(Q\b)**；实现第二种格式的 **QR** 分解后，线性方程组 **Ax=b** 的解为 **x=E(R\(Q\b))**。

【例 5.5】利用 **QR** 分解求解例 5.1。

MATLAB 中运行程序为：

```
%输入矩阵 A，b
A=[2,-1,5,1;1,-5,0,7;0,2,2,-1;1,6,-7,4];
b=[12,9,0,-4]';
%采用第一种格式求解
[Q,R]=qr(A);
x1=R\(Q\b)
%采用第二种格式求解
[Q,R,E]=qr(A);
x2=E*(R\(Q\b))
```

查看运行结果：

```
x1 =
    3.6043
   -0.5982
    0.7699
    0.3436
x2 =
    3.6043
   -0.5982
    0.7699
    0.3436
```

3. Cholesky 分解

首先介绍一下正定矩阵的概念。设 **A** 是 **n** 阶实系数对称矩阵，如果对任何非零向量 **X** 都有 **XAX′ > 0**，就称 **A** 正定。

如果矩阵 **A** 是对称正定的，则 Cholesky 分解将矩阵分解成一个下三角矩阵和上三角矩阵的乘积。设上三角矩阵为 **R**，则下三角矩阵为其转置，即 **A=R′R**。MATLAB 函数 chol(A)用于对矩阵 **A** 进行 Cholesky 分解，其调用格式为：

R=chol(A)：产生一个上三角阵 **R**，使 **R′R=A**。若 **A** 为非对称正定矩阵，则输出一个出错信息。

[R,p]=chol(A)：这个命令格式将不输出出错信息。若 **A** 为对称正定的，则 **p**=0，**R** 与上述格式得到的结果相同；否则 **p** 为一个正整数。若 **A** 为满秩矩阵，则 **R** 为一个阶数为 **q=p-1** 的上三角阵，且满足 **R′R=A**(1:**q**,1:**q**)。

实现 Cholesky 分解后，线性方程组 **Ax=b** 变成 **R′Rx=b**，所以 **x=R\(R′\b)**。

【例 5.6】利用 Cholesky 分解求解例 5.1。

MATLAB 中运行程序为：

%使用 Cholesky 分解求解

clear,clc;

%输入矩阵 A，b

A=[2,-1,5,1;1,-5,0,7;0,2,2,-1;1,6,-7,4];

b=[12,9,0,-4]';

R=chol(A);

查看执行此命令时，程序运行的结果

??? Error using ==> chol

Matrix must be positive definite.

命令执行时，出现了错误信息，说明矩阵 *A* 为非正定矩阵。

【例 5.7】利用 Cholesky 分解求解正定方程组。

在 MATLAB 的命令窗口中输入以下命令：

%使用 Cholesky 分解求解正定方程组

clear,clc;

%使用 pascal()命令产生对称正定矩阵

A=pascal(5);

b=[2;5;-4;8;6];

%使用左除运算计算结果，以便比较结果

x1=A\b

%使用 Cholesky 分解

B=chol(A);

%求矩阵 B 的转置矩阵

BT=transpose(B);

x2=B\(BT\b)

查看求解结果：

x1 =

    -114

    398

    -519

    305

    -68

x2 =

    -114

    398

    -519

    305

    -68

从上面的求解结果中可见，使用 Cholesky 分解求解得到的线性方程组的数值解与使用左除运算得到的结果完全一致。

5.1.2　解非线性方程组与函数极值

5.1.2.1　单变量非线性方程求解

在 MATLAB 中提供了一个 fzero(　)函数，可以用来求单变量非线性方程的根。该函数的调用格式为：

$$z=fzero(fname,x0,tol,trace)$$

其中参数 fname 是待求根的函数句柄，x0 为搜索的起点。一个函数可能有多个根，但是 fzero（）函数只给出离 x0 最近的那个根。参数 tol 控制结果的相对精度，缺省时取 tol=eps，参数 trace 指定迭代信息是否在运算中显示，为 1 时显示，为 0 时不显示，缺省时取 trace=0。

【例 5.8】求非线性方程 $f(x)=x-10^x+2=0$ 在 x0=0.5 附近的根。

首先，在 MATLAB 中建立 M 文件 fun.m

```
%建立 fun.m 文件
function fx=fun(x)
fx=x-10.^x+2
```

其次，调用 fzero(　)函数求根

```
>> z=fzero(@fun,0.5)
```

显示结果为：

```
z =
0.3758
```

5.1.2.2　非线性方程组的求解

对于非线性方程组 $F(X)=0$，在 MATLAB 中使用 fsolve(　)函数解其数值解。fsolve(　)函数的调用格式为：

$$X=fsolve(fun,X0,option)$$

其中 X 为返回的解，fun 是用于定义需求解的非线性方程组的函数句柄，X0 是求根过程的初值，option 为最优化工具箱的选项设定。最优化工具箱提供了 20 多个选项，用户可以使用 optimset 命令将它们显示出来。如果想改变其中某个选项，则可以调用 optimset(　)函数来完成。例如，Display 选项决定函数调用时中间结果的显示方式，其中'off '为不显示，'iter'表示每步都显示，'final'只显示最终结果。optimset('Display', 'off ')将设定 Display 项为'off '。

【例 5.9】求下列非线性方程组在(0.5,0.5)附近的数值解。

首先，在 MATLAB 中建立 M 文件 myfun.m

```
%建立函数文件 myfun.m
function q=myfun(p)
x=p(1);
y=p(2);
q(1)=x-0.6*sin(x)-0.3*cos(y);
```

```
q(2)=y-0.6*cos(x)+0.3*sin(y);
```

然后，在给定的初值 x0=0.5，y0=0.5 下，调用 fsolve( )函数求方程组的根

```
>> x=fsolve(@myfun,[0.5,0.5]',optimset('Display','off'))
x =
    0.6354
    0.3734
```

 ★★注意：

使用 fzero( )函数和 fsolve( )函数时，参数 fname 与参数 fun 是含有需求解的非线性方程（组）的函数句柄。在 MATLAB 中，构造函数句柄最简单的方法就是在函数名前加上符号@构造函数句柄。

5.1.2.3　函数极值

MATLAB6.5 提供了基于单纯形算法求解函数极值的函数 fmin（）和 fmins（），它们分别用于单变量函数和多变量函数的最小值，而对应 7.0 及其以上的版本，采用 fminbnd 和 fminsearch，其调用格式为：

x=fmin(fname,x1,x2) / fminbnd(fname, x1,x2)

x=fmins(fname,x0) / fminsearch(fname, x0)

这两个函数的调用格式相似。其中 fmin( )函数用于求单变量函数的最小值点。fname 是被最小化的目标函数名，x1 和 x2 限定自变量的取值范围。fmins 函数用于求多变量函数的最小值点，x0 是求解的初始值向量。

MATLAB 中没有提供专门求函数最大值的函数，但只要注意到-f(x)在区间(a,b)上的最小值就是 f(x)在(a,b)的最大值。所以，可利用求最小值的方法解出某个区间中函数的最大值。

注意：在 MATLAB7.0 版本中函数求极值函数是 fminbnd( )函数与 fminsearch( )函数。

【例 5.10】求 $f(x)=x^3-2x-5$ 在[0,5]内的最小值点。

首先，建立函数文件 mymin.m

```
%建立函数文件 mymin.m
function fx=mymin(x)
fx=x.^3-2*x-5
调用 fminbnd 函数求最小值点
>> x=fminbnd(@mymin,0,5)
x =
0.8165
```

5.2　MATLAB 符号计算

MATLAB 除了可以完成大量的数值运算外，也可以实现各种公式、表达式以及相应的推导工作。符号计算就是将符号对象、变量、函数以及相关操作形成符号表达式，并按照相关

规则计算得到相应解析解的一种运算方式。

　　符号计算与数值运算的区别是：① 数值运算中必须先对变量赋值，然后才能参与运算；② 符号运算不需事先对独立变量赋值，运算结果以标准的符号形式表达。

　　符号计算的特点有：① 运算对象可以是没赋值的符号变量；② 可以获得任意精度的解。

5.2.1　符号变量定义

　　在 MATLAB 中，参与符号运算的对象可以是符号变量、符号表达式或符号矩阵。符号变量要先定义，后引用。可以用 sym 函数、syms 函数将运算量定义为符号型数据。引用符号运算函数时，用户可以指定函数执行过程中的变量参数；若用户没有指定变量参数，则使用findsym 函数默认的变量作为函数的变量参数。

　　1. sym 函数

　　功能：创建符号变量，以便进行符号运算，也可以用于创建符号表达式或符号矩阵。

　　调用格式为：

$$x = sym('x')$$

　　补充说明：

　　（1）该函数目的是将'x'创建为符号变量，以 x 作为输出变量名。

　　（2）每次调用该函数，可以定义一个符号变量。

　　2. syms 函数

　　功能：与 sym 函数功能类似，但可在一个语句中同时定义多个符号变量。

　　调用格式：

$$syms\ arg1\ arg2\ \dots argN$$

用于将 arg1, arg2,...,argN 等符号创建为符号型数据。

　　【例 5.11】做符号计算。

$$\begin{cases} ax - by = 1 \\ ax + by = 5 \end{cases}$$

a、b、x、y 均为符号运算量。在符号运算前，应先将 a、b、x、y 定义为符号运算量。MATLAB 中运行程序为：

```
a=sym('a');                        %定义'a'为符号运算量，输出变量名为 a
b=sym('b');
syms x y ;
[x,y]=solve(a*x-b*y-1,a*x+b*y-5,x,y);   %a,b 为符号常数，x,y 为符号变量解方程组
```

运行结果为：

```
>> x
x =
3/a
>> y
y =
2/b
```

在命令窗口中输入 whos x y a b 命令，可以得到如下的结果：

Name	Size	Bytes	Class	Attributes
a	1x1	58	sym	
b	1x1	58	sym	
x	1x1	116	sym	
y	1x1	116	sym	

程序中 x、y、a、b 的类型为符号变量，同时利用符号变量可以实现方程组的求解。

为了了解函数引用过程中使用的符号变量个数及变量名，可以用 findsym 函数查询默认的变量。

3. findsym 函数

功能：帮助用户查找符号表达式中的默认变量。

调用格式：

$$findsym（f,n）$$

补充说明：

（1）f 为用户定义的符号函数；

（2）n 为正整数，表示查询变量的个数；

（3）n=i，表示查询 i 个系统默认变量，n 值省略时表示查询符号函数中全部系统默认变量；

（4）MATLAB 按离字符'x'最近原则确定缺省变量。

【例 5.12】查询符号函数。

利用 findsym 函数查询函数 1、2 中的默认变量

函数 1：f=x^n

函数 2：g=sin(at+b)

MATLAB 中运行程序为：

```
syms a b n t x                        %定义符号变量
f=x^n;                                %给定符号函数
g=sin(a*t+b);
findsym(f,1)                          %在 f 函数中查询 1 个系统默认变量
findsym(g,1)                          %在 g 函数中查询 1 个系统默认变量
```

查看运行结果为：

```
ans =

x

ans =

t
```

运行结果显示：f 函数中查询的 1 个系统默认变量为 x，g 函数中查询的 1 个系统默认量为 t。

5.2.2 符号表达式及符号函数

符号表达式由符号变量、函数、运算符等组成。符号表达式的书写格式与数值表达式相同。符号表达式中常常使用的运算符主要与数值计算的运算符基本相同，主要包括：基础运

算符（与数值计算一致）；关系运算符（与数值计算一致）等。符号表达式中常常使用的函数包括：三角、双曲函数（除 atan2 只能用在数值运算外，其余参与数值运算的三角、双曲函数都能在关系运算符中使用）；指数、对数函数（与数值计算一致）。

例如，数学表达式

$$\frac{1+\sqrt{5x}}{2} \tag{5.3}$$

在 MATALB 中的符号表达式为：(1+sqrt(5*x))/2。

将表达式中的自变量定义为符号变量后，赋值给符号函数名，即可生成符号函数。例如有一数学表达式：

$$f(x,y) = \frac{ax^2 + by^2}{c^2} \tag{5.4}$$

其用符号表达式生成符号函数 fxy 的过程为：

syms a b c x y　　　　　　　　　　　%定义符号运算量
fxy=(a*x^2+b*y^2)/c^2　　　　　　　　%生成符号函数

生成符号函数 fxy 后，即可用于微积分等符号计算。

★★注意：

在定义表达式前应先将表达式中的字符 x 定义为符号变量。在符号表达式创建之前，需要去了解构建表达式的相关符号和函数，这样会避免使用错误。

【例 5.13】定义一个符号函数 fxy=(a*x2+b*y2)/c2，分别求该函数对 x、y 的导数和 x 的积分。

MATLAB 中运行程序为：

```
syms a b c x y               %定义符号变量
fxy=(a*x^2+b*y^2)/c^2;        %生成符号函数
f1=diff(fxy,x)               %符号函数 fxy 对 x 求导数
f2=diff(fxy,y)               %符号函数 fxy 对 y 求导数
f3=int(fxy,x)                %符号函数 fxy 对 x 求导数
```

运行结果为：

```
f1 =
(2*a*x)/c^2
f2 =
(2*b*y)/c^2
f3 =
(x*(a*x^2 + 3*b*y^2))/(3*c^2)
```

5.2.2.1　符号表达式操作

针对符号表达式比较烦琐的特点，MATLAB 提供了一系列处理符号表达式和函数的操作命令，如因式分解、多项式展开和合并等。

1. 因式分解函数 factor

功能：把多项式表达式分解为多个因式，各多项式的系数均为有理数。

调用格式：

        factor(X)

补充说明：

（1）X 可以是一个整数、符号表达式矩阵；

（2）若 X 是一个整数函数将会返回 X 的质因子，X 为符号表达式，函数将会返回一个因式分解式。

2. 表达式合并函数 collect

功能：实现符号表达式中同类项的合并。

调用格式：

        R = collect(S)

        R = collect(S,v)

补充说明：

（1）S 是表达式或者是符号矩阵；

（2）v 为符号变量，默认值为 x。

★★注意：

合并同类项功能只能是按照参数进行合并，结果未必比原来的表达式更加简单。

3. 表达式展开函数 expand

功能：将符号表达式展开。

调用格式：

        expand(S)

补充说明：S 是表达式，主要包括多项式、三角函数、指数函数和对数函数等。

4. 嵌套表达式函数 horner

功能：将符号多项式用嵌套形式表示，即用多层括号的形式表示。

调用格式：

        horner(P)

补充说明：P 为符号多项式矩阵。

【例 5.14】利用 MATLAB 函数对下式进行同类项合并、因式分解、展开、嵌套操作，表达式如下。

$$x^3 - x^2 + 2x^2 - x + 2x + 1$$

MATLAB 中运行程序为：

syms X	%定义符号变量
f=x^3-x^2+2*x^2-x+1+2*x;	%生成符号表达式 f
f1=collect(f);	%将 f 合并同类项
f2=factor(f);	%对 f 进行因式分解
f3=expand(f2);	%将 f2 展开
f4=horner(f);	%将多项式写成嵌套形式

查看运行结果为：

f1 =

x^3 + x^2 + x + 1

>> f2

f2 =

(x + 1)*(x^2 + 1)

>> f3

f3 =

x^3 + x^2 + x + 1

>> f4

f4 =

x*(x*(x + 1) + 1) + 1

利用 MATLAB 函数实现了多项式表达式的同类项合并、因式分解、展开、嵌套操作。

5.2.2.2　符号极限

函数 limit 用于求符号函数 f 的极限。系统可以根据用户要求，计算变量从不同方向趋近于指定值的极限值。

limit 函数

功能：求符号函数 f(x) 的极限值。

调用格式：

　　　　limit(f,x,a)

　　　　limit(f,a)

　　　　limit(f)

　　　　limit(f,x,a,'right')

　　　　limit(f,x,a,'left')

补充说明：

（1）调用格式 limit(f,a) 时，由于没有指定符号函数 f 的自变量，符号函数的变量为函数 findsym(f) 确定的默认自变量，即变量 x 趋近于 a。

（2）调用格式 limit(f) 时，由于没有指定符号函数 f 的自变量，符号函数的变量为函数 findsym(f) 确定的默认自变量，系统默认自变量趋近于 0，即 a=0 的情况。

（3）limit(f,x,a,'right')：求符号函数 f 的右极限值。'right' 表示变量 x 从右边趋近于 a。

（4）limit(f,x,a,'left')：求符号函数 f 的左极限值。'left' 表示变量 x 从左边趋近于 a。

【例 5.15】在 MATLAB 中求表达式 1、2 的极限。

表达式 1：$\lim\limits_{x \to 0} \dfrac{x(e^{\sin x} + 1) - 2(e^{\tan x} - 1)}{\sin^3 x}$

表达式 2：$\lim\limits_{n \to +\infty} = \left(1 + \dfrac{x}{n}\right)^n$

MATLAB 中运行程序为：

```
syms x n;                                    %定义符号变量
f1=(x*(exp(sin(x))+1)-2*(exp(tan(x))-1))/sin(x)^3;   %确定符号表达式 1
f2=(1+x/n)^n;                                %确定符号表达式 2
```

```
w1=limit(f1)                                    %求函数 1 极限
w2=limit(f2,n,inf)                              %求函数 2 极限
```

查看运行结果为：

```
w1 =
-1/2
w2 =
exp(x)
```

MATLAB 计算结果与实际相符，表明了利用 MATLAB 求取极限的正确性。

【例 5.16】在 MATLAB 中求取下式的左右极限。

$$f(x) = \frac{x}{|x|}$$

MATLAB 中运行程序为：

```
syms x;
f=x/abs(x);
r1=limit(f,x,0,'left');              %求取符号变量的左极限
r2=limit(f,x,0,'right');             %求取符号变量的右极限
r3=limit(f,x,0);                     %求取符号变量的极限
```

运行结果：

```
>> r1
r1 =
-1
>> r2
r2 =
1
>> r3
r3 =
NaN
```

5.2.2.3 微分函数

在数学分析中，微分具有举足轻重的地位。MATLAB 除了提供求取符号表达式极限的函数外，也提供了求取符号表达式微分的函数，这对理论计算提供了极大的方便。

微分函数 diff

功能：diff 函数用于对符号表达式 S 求微分。

调用格式：

```
diff(S)
diff(S,'v')
diff(S,n)
diff(S,'v',n)
```

补充说明：

（1）调用 diff（S）没有指定微分变量和微分阶数，则系统按 findsym 函数指示的默认变量对符号表达式 S 求一阶微分。

（2）调用 diff（S,'v'）或 diff（S,sym（'v'））格式，表示以 v 为自变量，对符号表达式 S 求一阶微分。

（3）调用 diff（S,n）格式，表示对符号表达式 X 求 n 阶微分，n 为正整数。

（4）调用 diff（S,'v',n）、diff（S,n,'v'）格式，表示以'v'为自变量，对符号表达式 S 求 n 阶微分。

【例 5.17】利用 diff 函数表达式 sin(x^2)+cos(y^2)求关于 x、y 的一阶微分，关于 y 的二阶微分。

MATLAB 中运行程序为：

```
syms x y;                       %定义符号变量
s=sin(x^2)+cos(y^2);            %表达式
f1=diff(s)                      %对 x 求 1 阶微分运算
f2=diff(s,'y')                  %对 y 求 1 阶微分运算
f3=diff(s,'y',2)                %对 y 求 2 阶微分运算
```

查看运行结果为：

```
>> f1
f1 =
2*x*cos(x^2)
 >> f2
f2 =
(-2)*y*sin(y^2)
>> f3
f3 =
- 2*sin(y^2) - 4*y^2*cos(y^2)
```

程序运行结果表明：利用 diff 函数实现了对符号表达式微分的求解。diff 函数也可实现求解多项式矩阵微分方程，仅需要将 S 换成一个多项式矩阵即可。

【例 5.18】多项式矩阵 **A** 表达式如下。

$$A = \begin{bmatrix} \sin(x^2) + \cos(y^2) & \sin(x)y^2 \\ \cos(x)y^2 & \sin(x^2)y \end{bmatrix}$$

在 MATLAB 中求解如下式子：

$$\frac{\partial A}{\partial x} \quad \frac{\partial^2 A}{\partial^2 y} \quad \frac{\partial^2 A}{\partial x \partial y}$$

MATLAB 中运行程序为：

```
syms x y;                                        %定义符号变量
A=[sin(x^2)+cos(y^2),sin(x)*y;cos(x)*y^2,sin(x^2)*y];   %表达式 1
f1=diff(A)                                       %对 x 求 1 阶微分运算
f2=diff(A,'y',2)                                 %对 y 求 2 阶微分运算
f3=diff(diff(A,'x'),'y');
```

查看运行结果为：

```
f1 =
[ 2*x*cos(x^2),          y*cos(x)]
[  -y^2*sin(x), 2*x*y*cos(x^2)]
f2 =
[ - 2*sin(y^2) - 4*y^2*cos(y^2), 0]
[2*cos(x),                       0]
>> f3
f3 =
[            0,          cos(x)]
[ (-2)*y*sin(x), 2*x*cos(x^2)]
```

5.2.2.4 积分函数

在 MATLAB 中同样可以完成对符号函数的积分运算。与数值积分相比，MATLAB 积分指令相对简单,但可能会占用较长时间，也可能会给出比较冗长的积分表达式。

积分函数 int

功能：对被积函数或符号表达式 S 求积分。

调用格式为： int(S)

int(S,v)

int(S,a,b)

int(S,v,a,b)

补充说明：

（1）调用 int(S)格式，表示没有指定积分变量和积分阶数时，系统按 findsym 函数指示的默认变量对被积函数或符号表达式 S 求一阶积分。

（2）调用 int(S, v)格式，表示以 v 为自变量，对被积函数或符号表达式 S 求一阶不定积分。

（3）调用 int(S,v,a,b)时，a、b 分别表示定积分的下限和上限。

★★注意：

如果是不可积的表达式，int 函数会返回积分原式，并显示警告信息。

【例 5.19】求 $\int \dfrac{1}{1+x^2}\,\mathrm{d}x$ 表达式的积分。

MATLAB 中运行程序为：

```
syms   x
S=1/(1+x^2);
result=int(S);               %进行不定积分
result=int(S,0,1);           %进行定积分
```

采用不定积分的运行结果为：

```
>> result1
result1 =
```

atan(x)

采用定积分的运行结果为：

\>\> result2

result2 =

pi/4

可见，采用不定积分得到一个积分表达式，而设定相应的上、下限之后得到了一个积分值。积分函数 int 调用中 S 同样可以为一个多项式矩阵，与 diff 函数相同。

5.2.2.5　级　数

级数求和运算是数学中常见的一种运算。例如下面的表达式：

$$f(x) = a_0 + a_1 x + a_2 x_2 + \cdots + a_n x_n$$

MATLAB 中函数 symsum 可以实现对级数的求和运算。函数 taylor 可以对一个符号表达式进行泰勒展开。

1. 函数 symsum

功能：对符号函数 f 进行求和运算。

调用格式：

　　　　r = symsum(s)

　　　　r = symsum(s,v)

　　　　r = symsum(s,a,b)

　　　　r = symsum(s,v,a,b)

补充说明：

（1）返回值 r 为级数之和。

（2）s 表示该级数的通项式。

（3）a 和 b 分别表示变量的变化范围。

【例 5.20】求下面级数的和。

$$\frac{1}{1^2} + \frac{1}{2^2} + \cdots + \frac{1}{n^2}$$

MATLAB 中运行程序为：

```
syms  k;
r1=symsum(1/k^2,1,Inf)                          %求级数之和
```

运行结果：

r1 =

pi^2/6

2. 函数 taylor

功能：对一个函数表达式求取 taylor 级数。

调用格式：

　　　　taylor(f)

　　　　taylor(f,n)

　　　　taylor(f,a)

```
taylor(f,n,v)
taylor(f,n,v,a)
```

补充说明：

（1）v 为自变量，n 表示展开的级数。

（2）函数返回值为一个多项式表达。

（3）a 的值可以为一个数值、符号变量和字符串。

★★注意：

若要展开为 4 次幂，n 应该取 5。

【例 5.21】在 MATLAB 中对如下表达式求泰勒展开式。

$$\sqrt{1-2x+x^3}-(1-3x+x^2)^{\frac{1}{3}}$$

MATLAB 中运行程序为：

```
syms    x ;
f1=sqrt(1-2*x+x^3)-(1-3*x+x^2)^(1/3);
r1=taylor(f1,x,5)                                    %展开到 x 的 4 次幂
r2=taylor(f2,3)                                      %展开到 x 的 2 次幂
```

运行结果：

```
r1 =
(119*x^4)/72 + x^3 + x^2/6
r2 =
x^2/6
```

5.2.2.6　解方程

在数学分析领域，解方程具有重要的意义。常见的方程有线性方程、非线性方程、超越方程等。在 MALTAB 中提供了一个统一的求解函数 solve，对上述类型的方程进行求解。

方程求解函数 solve

功能：根据输入的未知参数求解方程或方程组的根

调用格式：

g =solve(eq)

g = solve(eq,var)

g = solve(eq1,eq2,...,eqn)

g = solve(eq1,eq2,...,eqn,var1,var2,...,varn)

说明：

（1）eq 为带符号表达式或者不带符号表达式的字符串表达式。

（2）若不指明符号表达式 eq1,eq2,...,eqn 的值，系统将默认为 0。如调用格式 g =solve(eq) 和 g = solve(eq1,eq2,...,eqn)。

（3）调用 g = solve(eq1,eq2,...,eqn)表示求解由 eq1,eq2,...,eqn 构成的方程组。

【例 5.22】解如下方程：

a*x^2-b*x-6=0

x^2-x-6=0

$$\begin{cases} ax - by = 1 \\ ax + by = 5 \end{cases}$$

在 MATLAB 中运行程序为：

```
syms a b x y
g1=solve(a*x^2-b*x-6);                    %解方程 g1
g2=solve(x^2-x-6);                        %解方程 g2
g3=solve('x + y = 1','x - 11*y = 5');     %解方程组 g3
```

运行结果：

```
>> g1
g1 =
 (b + (b^2 + 24*a)^(1/2))/(2*a)
 (b - (b^2 + 24*a)^(1/2))/(2*a)
>>.g2
 g2 =
 -2
  3
>> g3.x
ans =
4/3
>> g3.y
 ans =
-1/3
```

可见在 MATLAB 中实现了对方程的求解。

5.2.3　多项式计算

MATLAB 对用户提供了一系列进行多项式运算的函数，如多项式的加减、乘除、求导、以及多项式方程求根函数等。下面将对几个函数进行详细介绍。

5.2.3.1　多项式四则运算函数

1. 函数 conv

功能：用于求两个多项式的乘积。

调用格式：

w = conv(u,v)

补充说明：

（1）u、v 是两个多项式系数向量。

（2）函数返回值为多项式系数向量。

2．多项式除法函数 deconv

功能：用于两个对多项式的除法运算。

调用格式：

[q,r] = deconv(v,u)

补充说明：

（1）q 为返回值，为多项式 v 除以 u 的商式。

（2）r 返回 v 除以 u 的的余式。

（3）q 和 r 仍是多项式系数向量。

（4）deconv 是 conv 的反函数，即有 v=conv(u,q)+r。

3．多项式求导函数 polyder

功能：求多项式的导函数。

调用格式：

k = polyder(p)

k = polyder(a,b)

[q,d] = polyder(b,a)

补充说明：

（1）调用 k = polyder(p)为返回多项式 p 的导函数系数。

（2）调用 k = polyder(a,b)为返回 a，b 相乘所得多项式的导函数。

（3）调用[q,d] = polyder(a,b)为返回 b 除以 a 所得多项式的导函数。

【例 5.23】已知多项式

$$f(x) = 3x^2 + 5x + 8 , \quad g(x) = 2x^3 + x^2 - 2x + 1$$

求 $\dfrac{\partial f(x)}{\partial x}$，$g(x)f(x)$，$\dfrac{g(x)}{f(x)}$

MATLAB 中运行程序为：

```
p1=[3,5,8];
p2=[1,-2,1];
p3= conv(p1,p2);              %求 p1，p2 的乘积
[p4 r4]=deconv(p3,p1);        %求 p3 除以 p1
k=polyder(p4);               %求 p4 的导数
```

查看运行结果为：

```
>> p1
p1 =
    3     5     8
>> p2
p2 =
    2     1    -2     1
>> p3
```

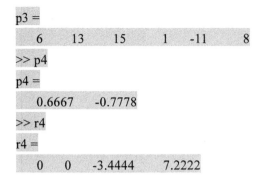

```
p3 =
     6      13      15       1      -11       8
>> p4
p4 =
     0.6667    -0.7778
>> r4
r4 =
     0       0     -3.4444      7.2222
```

5.2.3.2　多项式求值函数

在 MATLAB 中，多项式求值函数有 polyval 与 polyvalm，两者具有类似功能，它们输入参数均为多项式系数向量 P 及自变量 x。主要区别在于：前者是代数多项式求值；后者为矩阵多项式求值。

1. polyval 函数

功能：求代数多项式值。

调用格式：

$$Y=polyval(P,X)$$

补充说明：

（1）若 X 为一数值，则求多项式在该点的值。

（2）若 X 为向量或矩阵，则对向量或矩阵中的每个元素求其多项式的值。

2. polyvalm 函数

功能：求矩阵多项式的值。

调用格式：

$$Y = polyvalm(p,X)$$

补充说明：

（1）polyvalm 函数要求 X 为方阵，它以方阵为自变量求多项式的值。

（2）p 为降幂排列的多项式系数。

【例 5.24】利用 polyval 和 polyvalm 函数求取多项式的值。

MATLAB 中运行程序为：

```
p=[1,3,5];
x1=[1,3,4];
x2=[1,3;5,6];
r1=polyval(p,x1);               %求多项式 1 的值
r2=polyvalm(p,x2);              %求多项式 2 的值
```

查看运行结果为：

```
>> r1
r1 =
     9      23      33
>> r2
```

```
r2 =
    24    30
    50    74
```

5.2.3.3　多项式求根函数

对于一个 n 次多项式来讲，其具有 n 个根，这些根可能是实根或者共轭复根。MATLAB 提供的 roots 函数能够很好解决多项式根求取的问题。

1. roots 函数

功能：求取多项式全部根。

调用格式：

> r = roots(c)

补充说明：

（1）c 为多项式系数向量。

（2）返回值 r 为根向量，即 r(1),r(2),...,r(n)为多项式的 n 个根。

若已知多项式的全部根，则可以用 poly 函数建立起该多项式。

2. poly 函数

功能：利用多项式的全部根建立该多项式。

调用格式：

> P=poly(x)

补充说明：

（1）若 x 为具有 n 个元素的向量，则 poly(x)建立以 x 为其根的多项式。

（2）返回值 P 是该多项式的系数向量。

【例 5.25】利用 roots 和 poly 函数多项式的根建立该多项式。

MATLAB 中运行程序为：

```
x=[-1,2,5,-1+1j,-1-1j];
p=poly(x);                %利用方程根建立多项式
r=roots(p);               %利用该多项式求取方程的根
```

查看运行结果为：

```
>> p
p =
    1    -4    -7    4    26    20
>> r
r =
    5.0000
    2.0000
   -1.0000 + 1.0000i
   -1.0000 - 1.0000i
   -1.0000
```

第 6 章　MATLAB 数据分析

本章重点

到本章之前为止，我们已经学习了 MATLAB 的相关基本功能，从基础学习到程序设计，从图形化展示到解方程，大家可以对一般问题进行基础程序设计了。本章开始将引入一些实际问题优化或简便的处理方法。尤其针对时域和频率信号有一些基本处理思路，希望重点理解。

本章从五个方面重点讲解：

（1）数据统计处理；

（2）数据插值；

（3）曲线拟合；

（4）离散傅里叶变换；

（5）多项式计算。

6.1　数据统计处理

6.1.1　最大值和最小值

MATLAB 提供的求数据序列的最大值和最小值的函数分别为 max 和 min，两个函数的调用格式和操作过程类似。

6.1.1.1　求向量的最大值和最小值

求一个向量 x 的最大值的函数有两种调用格式，分别是：

(1) y=max(x)：返回向量 x 的最大值存入 y，如果 x 中包含复数元素，则按模取最大值。

(2) [y,I]=max(x)：返回向量 x 的最大值存入 y，最大值的序号存入 I，如果 x 中包含复数元素，则按模取最大值。

求向量 x 的最小值的函数是 min(x)，用法和 max(x)完全相同。

【例 6.1】求向量 x 的最大值，程序如下。

```
x=[-43,72,9,16,23,47];
y=max(x)              %求向量 x 中的最大值
[y,I]=max(x)          %求向量 x 中的最大值及其该元素的位置
```

输出结果是：

```
y =
72
I=
 2
```

6.1.1.2 求矩阵的最大值和最小值

求矩阵 **A** 的最大值的函数有 3 种调用格式分别是：

(1) max(A)：返回一个行向量，向量的第 i 个元素是矩阵 **A** 的第 i 列上的最大值。

(2) [Y,U]=max(A)：返回行向量 **Y** 和 **U**，**Y** 向量记录 **A** 的每列的最大值，**U** 向量记录每列最大值的行号。

(3) max(A,[],dim)：dim 取 1 或 2。dim 取 1 时，该函数和 max(A)完全相同；dim 取 2 时，该函数返回一个列向量，其第 i 个元素是 **A** 矩阵的第 i 行上的最大值。

求最小值的函数是 min，其用法和 max 完全相同。

【例 6.2】分别求 3×4 矩阵 **A** 中各列和各行元素中的最大值，并求整个矩阵的最大值和最小值。

程序如下：

```
A=rand(3,4);
a= max(A),b=max(A,[],2)
c=max(max(A)),d=min(min(A))
```

输出结果是：

```
a =
    0.2028      0.6038      0.7468      0.9318
b =
    0.9318
    0.7468
    0.4451
c =
    0.9318
d =
    0.0153
```

6.1.1.3 两个向量或矩阵对应元素的比较

函数 max 和 min 还能对两个同型的向量或矩阵进行比较，调用格式为：

(1) U=max(A,B)：**A**, **B** 是两个同型的向量或矩阵，结果 **U** 是与 **A**, **B** 同型的向量或矩阵，**U** 的每个元素等于 **A**, **B** 对应元素的较大者。

(2) U=max(A,n)：n 是一个标量，结果 **U** 是与 **A** 同型的向量或矩阵，**U** 的每个元素等于 **A** 对应元素和 n 中的较大者。

min 函数的用法和 max 完全相同。

【例 6.3】求两个 2×3 矩阵 **x**, **y** 所有同一位置上的较大元素构成的新矩阵 **p**。

程序如下：

```
x=rand(2,3);
y=rand(2,3);
p=max(x,y)
```

输出结果是：

p =

0.8462	0.8318	0.8381
0.5252	0.6721	0.4289

★★注意：

例 6.2 和 6.3 中运用的是随机数组，所以每次运行的时候结果可能不尽相同。

6.1.2　求和与求积

数据序列求和与求积的函数是 sum 和 prod，其使用方法类似。设 X 是一个向量，A 是一个矩阵，函数的调用格式为：

sum(X)：返回向量 X 各元素的和。

prod(X)：返回向量 X 各元素的乘积。

sum(A)：返回一个行向量，其第 i 个元素是 A 的第 i 列的元素和。

prod(A)：返回一个行向量，其第 i 个元素是 A 的第 i 列的元素乘积。

sum(A,dim)：当 dim 为 1 时，该函数等同于 sum(A)；当 dim 为 2 时，返回一个列向量，其第 i 个元素是 A 的第 i 行的各元素之和。

prod(A,dim)：当 dim 为 1 时，该函数等同于 prod(A)；当 dim 为 2 时，返回一个列向量，其第 i 个元素是 A 的第 i 行的各元素乘积。

【例 6.4】求矩阵 A 的每行元素的乘积和全部元素的乘积。

程序如下：

```
A=rand(3,4);
a=sum(sum(A))
b=prod(prod(A))
```

输出结果是：

a =

　5.7487

b =

　2.1706e-005

6.1.3　平均值和中值

求数据序列平均值的函数是 mean，求数据序列中值的函数是 median。两个函数的调用格式为：

mean(X)：返回向量 X 的算术平均值。

median(X)：返回向量 X 的中值。

mean(A)：返回一个行向量，其第 i 个元素是 A 的第 i 列的算术平均值。

median(A)：返回一个行向量，其第 i 个元素是 A 的第 i 列的中值。

mean(A,dim)：当 dim 为 1 时，该函数等同于 mean(A)；当 dim 为 2 时，返回一个列向量，其第 i 个元素是 A 的第 i 行的算术平均值。

median(A,dim)：当 dim 为 1 时，等同于 median(A)；当 dim 为 2 时，返回一个列向量，其

第 i 个元素是 A 的第 i 行的中值。

【例 6.5】求向量的平均值和中值。

```
x=[1 2 3];
a1=mean(x),b1=median(x)
y=[1 2 3 4];
a2=mean(y),b2=median(y)
z=[1 2 3 5];
a3=mean(z),b3=median(z)
```

输出结果是：

```
a1 =
    2
b1 =
    2
a2 =
    2.5000
b2 =
    2.5000
a3 =
    2.7500
b3 =
    2.5000
```

★★注意：

通过上面的三个例子认真领会 mean 和 median 的区别。

6.1.4　标准方差与相关系数

6.1.4.1　求标准方差

在 MATLAB 中，提供了计算数据序列的标准方差的函数 std。对于向量 X，std(X)返回一个标准方差。对于矩阵 A，std(A)返回一个行向量，它的各个元素便是矩阵 A 各列或各行的标准方差。std 函数的一般调用格式为：

$$Y=std(A,flag,dim)$$

其中 dim 取 1 或 2。当 dim=1 时，求各列元素的标准方差；当 dim=2 时，则求各行元素的标准方差。flag 取 0 或 1。

6.1.4.2　排　序

MATLAB 中对向量的排序函数是 sort(X)，函数返回一个对 X 中的元素按升序排列的新向量。sort 函数也可以对矩阵 A 的各列或各行重新排序，其调用格式为：

$$[Y,I]=sort(A,dim)$$

其中 dim 指明对 *A* 的列还是行进行排序。若 dim=1，则按列排；若 dim=2，则按行排。*Y* 是排序后的矩阵，而 *I* 记录 *Y* 中的元素在 *A* 中的位置。

6.1.4.3　其他部分统计函数（自学）

（1）累计和 cumsum；

（2）累积积 sumprod；

（3）相关系数 corrcoef。

这些函数调用的参数与操作方式都与 MEDIAN（中值）函数基本上一样，因此不作详细的介绍。

6.2　数据插值

插值的定义——是对某些集合给定的数据点之间函数的估值方法。

当不能很快地求出所需中间点的函数时，插值是一个非常有价值的工具。

6.2.1　一维数据插值

在 MATLAB 中，实现这些插值的函数是 interp1，其调用格式为：

$$Y1=interp1(X,Y,X1, 'method')$$

函数根据 *X, Y* 的值，计算函数在 *X*1 处的值。*X, Y* 是两个等长的已知向量，分别描述采样点和样本值。

$$Y1=interp1(X,Y,X1, 'method')$$

*X*1 是一个向量或标量，描述欲插值的点，*Y*1 是一个与 *X*1 等长的插值结果。method 是插值方法，允许的取值有'linear'、'nearest'、'cubic'、'spline'。

★★注意：

X1 的取值范围不能超出 *X* 的给定范围，否则，会给出"NaN"错误。

MATLAB 中有一个专门的 3 次样条插值函数 Y1=spline(X,Y,X1)，其功能及使用方法与函数 Y1=interp1(X,Y,X1,'spline')完全相同。

【例 6.6】某观测站测得某日 6:00 至 18:00 之间每隔 2 小时的室内外温度(℃)，用 3 次样条插值分别求得该日室内外 6:30 至 17:30 时之间每隔 2 小时各点的近似温度(℃)。

程序如下：

```
h =6:2:18;
t=[18,20,22,25,30,28,24;15,19,24,28,34,32,30]';
```

设时间变量 h 为一行向量，温度变量 t 为一个两列矩阵，其中第一列存放室内温度，第二列储存室外温度。命令如下：

```
XI =6.5:2:17.5
YI=interp1(h,t,XI,'spline')          %用 3 次样条插值计算
```

输出结果是：

```
YI =
    18.5020    15.6553
```

20.4986	20.3355
22.5193	24.9089
26.3775	29.6383
30.2051	34.2568
26.8178	30.9594

6.2.2 二维数据插值

在 MATLAB 中，提供了解决二维插值问题的函数 interp2，其调用格式为：

$$Z1=interp2(X,Y,Z,X1,Y1,'method')$$

其中 X, Y 是两个向量，分别描述两个参数的采样点，Z 是与参数采样点对应的函数值，$X1, Y1$ 是两个向量或标量，描述欲插值的点。$Z1$ 是根据相应的插值方法得到的插值结果。method 的取值与一维插值函数相同。X, Y, Z 也可以是矩阵形式。同样，$X1, Y1$ 的取值范围不能超出 X, Y 的给定范围，否则，会给出"NaN"错误。

【例 6.7】以二元函数 $z(x,y) = \dfrac{\sin\sqrt{x^2+y^2}}{\sqrt{x^2+y^2}}$ 为例，展示二维插值可获得更细致的数据。

程序如下：

```
x=-3*pi:3*pi;y=x;
[X,Y]=meshgrid(x,y);
R=sqrt(X.^2+Y.^2)+eps;
Z=sin(R)./R;
surf(X,Y,Z);
xi=linspace(-3*pi,3*pi,100);   yi=xi;
[XI,YI]=meshgrid(xi,yi);
ZI=interp2(X,Y,Z,XI,YI,'spline');
figure(2);
surf(XI,YI,ZI);
```

原始图形如图 6.1 所示，执行程序后的输出结果如图 6.2 所示。

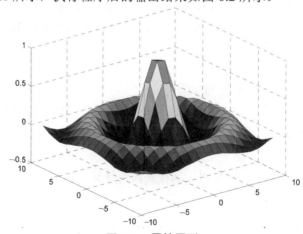

图 6.1　原始图形

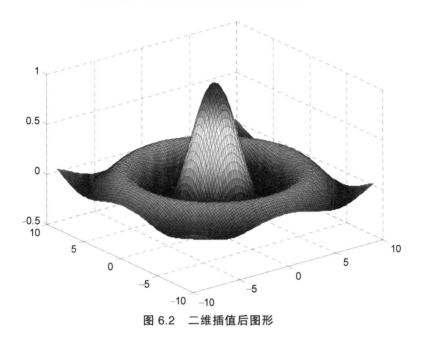

图 6.2　二维插值后图形

6.3　曲线拟合

在 MATLAB 中，用 polyfit 函数来求得最小二乘拟合多项式的系数，再用 polyval 函数按所得的多项式计算所给出的点上的函数近似值。polyfit 函数的调用格式为：

[P,S]=polyfit(X,Y,m)

函数根据采样点 **X** 和采样点函数值 **Y**，产生一个 m 次多项式 **P** 及其在采样点的误差向量 **S**。其中 **X**，**Y** 是两个等长的向量，**P** 是一个长度为 m+1 的向量，**P** 的元素为多项式系数。

polyval 函数的功能是按多项式的系数计算 x 点多项式的值。polyval 函数用来求代数多项式的值，其调用格式为：

Y=polyval(P,x)

若 x 为一数值，则求多项式在该点的值；若 x 为向量或矩阵，则对向量或矩阵中的每个元素求其多项式的值。

【例 6.8】已知数据表[t,y]，试求 2 次拟合多项式 p(t)，然后求 ti=1,1.5,2,2.5,…,9.5,10 各点的函数近似值。

程序如下：

```
x0=0:0.1:1;
y0=[-.447 1.978 3.11 5.25 5.02 4.66 4.01 4.58 3.45 5.35 9.22];
p=polyfit(x0,y0,3)
xx=0:0.01:1;yy=polyval(p,xx);
plot(xx,yy,'-b',x0,y0,'or')
```

输出结果是：

```
p = 56.6915    -87.1174    40.0070    -0.9043
```

图 6.3 为输出图形。

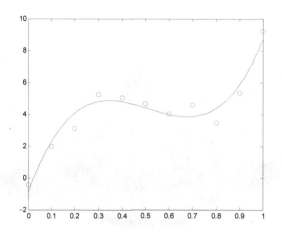

图 6.3　拟合后效果

【例 6.9】已知传感器的输入输出关系，求传感器的线性度。

x=[0 100000 200000 300000 400000 500000];

y=[0.004 0.203 0.402 0.601 0.8005 0.999];

若按正常最小二乘法解法，则 k,b 求解方式如下，较为麻烦，使用 MATLAB 直接求解则比较简单。

$$k = \frac{\sum_{i=1}^{n} x_i \cdot \sum_{i=1}^{n} y_i - n\sum_{i=1}^{n} x_i y_i}{(\sum_{i=1}^{n} x_i)^2 - n\sum_{i=1}^{n} x_i^2}$$

$$b = \frac{\sum_{i=1}^{n} x_i \cdot \sum_{i=1}^{n} x_i y_i - \sum_{i=1}^{n} x_i^2 \sum_{i=1}^{n} y_i}{(\sum_{i=1}^{n} x_i)^2 - n\sum_{i=1}^{n} x_i^2}$$

p=polyfit(x,y,1)

输出结果是：

p =

　　0.0000　　　　0.0040

★★注意：

p 的结果高次项为 0，就本例题来说，即 k=0，要注意此时并不意味着 k 真正等于 0。可尝试代入其他数据，发现结果偏差很大，这是因为取样精度不够，即保留四位小数精度不够。此时需要加大保存位数，才能保证结果的准确性。这是经常容易忽略的地方，一定要注意。

format long

输出结果是：

p =

　　0.000001990428571　　　0.003976190476190

这才是真正的结果。

拟合和插值使用场合：

（1）拟合适用于可以用曲线方程来表示的函数；

（2）插值适用于无法用曲线方程来表示或为较复杂的分段函数。

6.4　离散傅里叶变换

6.4.1　离散傅里叶变换算法简要（自学：数字信号处理）

6.4.2　离散傅里叶变换的实现（快速傅里叶变换）

一维离散傅里叶变换函数，其调用格式与功能为：

(1) fft(X)：返回向量 X 的离散傅里叶变换。设 X 的长度(即元素个数)为 N，若 N 为 2 的幂次，则为以 2 为基数的快速傅里叶变换，否则为运算速度很慢的非 2 幂次的算法。对于矩阵 X，fft(X)应用于矩阵的每一列。

(2) fft(X,N)：计算 N 点离散傅里叶变换。它限定向量的长度为 N，若 X 的长度小于 N，则不足部分补上零；若大于 N，则删去超出 N 的那些元素。对于矩阵 X，它同样应用于矩阵的每一列，只是限定了向量的长度为 N。

(3) fft(X,[ ],dim)或 fft(X,N,dim)：这是对于矩阵而言的函数调用格式，前者的功能与 FFT(X)基本相同，而后者则与 FFT(X,N)基本相同。只是当参数 dim=1 时，该函数作用于 X 的每一列；当 dim=2 时，则作用于 X 的每一行。

值得一提的是，当已知给出的样本数 N0 不是 2 的幂次时，可以取一个 N 使它大于 N0 且是 2 的幂次，然后利用函数格式 fft(X,N)或 fft(X,N,dim)便可进行快速傅里叶变换。这样，计算速度将大大加快。相应地，一维离散傅里叶逆变换函数是 ifft。ifft(F)返回 F 的一维离散傅里叶逆变换；ifft(F,N)为 N 点逆变换；ifft(F,[ ],dim)或 ifft(F,N,dim)则由 N 或 dim 确定逆变换的点数或操作方向。

【例 6.10】给定数学函数：

$x(t)=12\sin(2\pi\times10t+\pi/4)+5\cos(2\pi\times40t)$

取 N=128，试对 t 从 0~1 秒采样，用 fft 作快速傅里叶变换，绘制相应的振幅-频率图。

在 0~1 秒时间范围内采样 128 点，从而可以确定采样周期和采样频率。由于离散傅里叶变换时的下标应是从 0 到 N-1，故在实际应用时下标应该前移 1。又考虑到对离散傅里叶变换来说，其振幅|F(k)|是关于 N/2 对称的，故只需使 k 从 0 到 N/2 即可。

程序如下：

N=128;	%采样点数
T=1;	%采样时间终点
t=linspace(0,T,N);	%给出 N 个采样时间 ti(I=1:N)
x=12*sin(2*pi*10*t+pi/4)+5*cos(2*pi*40*t);	%求各采样点样本值 x
dt=t(2)-t(1);	%采样周期
f=1/dt;	%采样频率(Hz)
X=fft(x);	%计算 x 的快速傅里叶变换 X

```
F=X(1:N/2+1);                              % F(k)=X(k)(k=1:N/2+1)
f=f*(0:N/2)/N;                             %使频率轴 f 从零开始
plot(f,abs(F),'-*')                        %绘制振幅-频率图
xlabel('Frequency');
ylabel('|F(k)|')
```

图 6.4 是原始波形图，图 6.5 是绘制的振幅-频率图。

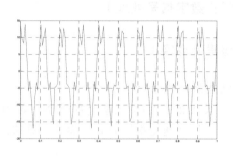

图 6.4   原始波形图

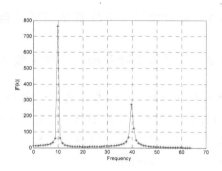

图 6.5   频谱分析图

6.5   多项式计算

鉴于 MATLAB 无零下标，故把多项式的一般形式表达为 $a_1x^n + a_2x^{n-1} + \cdots + a_nx + a_{n+1}$。

6.5.1   多项式求根

命令格式：x=roots(A)。这里 A 为多项式的系数 A(1)，A(2)，…，A(N)，A(N+1)；解得的根赋值给数组 X，即 X(1)，X(2)，…，X(N)。

【例 6.11】试用 ROOTS 函数求多项式 $x^4 + 8x^3 - 10$ 的根。

这是一个 4 次多项式，它的五个系数依次为：1，8，0，0，-10。下面先产生多项式系数的向量 A，然后求根。

程序如下：

```
A=[1 8 0 0 -10]
x=roots(A)
```

输出结果是：

```
x =
   -8.0194
    1.0344
   -0.5075 + 0.9736i
   -0.5075 - 0.9736i
```

6.5.2   多项式的建立

若已知多项式的全部根，则可以用 POLY 函数建立起该多项式；也可以用 POLY 函数求

矩阵的特征多项式。POLY 函数是一个 MATLAB 程序，调用它的命令格式是：

A=poly(x)

若 x 为具有 N 个元素的向量，则 poly(x)建立以 x 为其根的多项式，且将该多项式的系数赋值给向量 A。在此种情况下，POLY 与 ROOTS 互为逆函数；若 x 为 N×N 的矩阵 x，则 poly(x)返回一个向量赋值给 A，该向量的元素为矩阵 x 的特征多项式之系数：A(1), A(2),···,A(N),A(N+1)。

【例 6.12】试用 POLY 函数对例 6.11 所求得的根建立相应的多项式。

例 6.11 所求得的根为：

x =[-8.0194 1.0344　-0.5075 + 0.9736i　-0.5075 - 0.9736i]

z=poly(x)

输出结果是：

z =

　1.0000　　8.0000　　-0.0000　　0.0000　　-10.0000

6.5.3　求多项式的值

POLYVAL 函数用来求代数多项式的值，调用的命令格式为：

Y=polyval(A,x)

本命令将 POLYVAL 函数返回的多项式的值赋值给 Y。若 x 为一数值，则 Y 也为一数值；若 x 为向量或矩阵，则对向量或矩阵中的每个元素求其多项式的值。

【例 6.13】根据例 6.12 的 4 次多项式，分别取 x=1.2 和下面的矩阵的 2×3 个元素为自变量，计算该多项式的值。

A=[1 8 0 0 -10];

x=1.2;　　　　　　　　%取自变量为一数值

y1=polyval(A,x)

y1 =

　-97.3043

x=[-1 1.2 -1.4;2 -1.8 1.6]　%给出一个矩阵

y1=polyval(A,x)

y1 =

　-17.0000　　5.8976　　-28.1104

　70.0000　　-46.1584　　29.3216

6.5.4　多项式的四则运算

6.5.4.1　多项式加、减

对于次数相同的若干个多项式，可直接对多项式系数向量进行加、减的运算。如果多项式的次数不同，则应该把低次的多项式系数不足的高次项用零补足，使同式中的各多项式具有相同的次数。

P1= x^4+8x^3-10；P2=2x^4+4x

如果相加减，则程序结果 P1=[1 8 0 0 -10]，P2=[2 0 0 4 0]。

6.5.4.2　多项式乘法

若 A、B 是由多项式系数组成的向量，则 CONV 函数将返回这两个多项式的乘积。调用它的命令格式为：

C=conv(A,B)

命令的结果 C 为一个向量，由它构成一个多项式。

【例 6.14】求例 6.12 的 4 次多项式与多项式 $2x^2-x+3$ 的乘积。

程序如下：

```
A=[1 8 0 0 -10];
B=[2 -1 3];
C=conv(A,B)
C =
    2    15    -5    24    -20    10    -30
```

本例的运行结果是求得一个 6 次多项式

$2x^6+15x^5-5x^4+24x^3-20x^2+10x-30$

6.5.4.3　多项式除法

当 A、B 是由多项式系数组成的向量时，DECONV 函数用来对两个多项式作除法运算。调用的命令格式为：

[Q,r]=deconv(A,B)

本命令的结果：多项式 A 除以多项式 B 获商多项式赋予 Q（也为多项式系数向量）获余项多项式赋予 r（其系数向量的长度与被除多项式相同，通常高次项的系数为 0）。

DECONV 是 CONV 的逆函数，即有 A=conv(B,Q)+r。

【例 6.15】试用例 6.12 的 4 次多项式与多项式 $2x^2-x+3$ 相除。

```
A=[1 8 0 0 -10];
B=[2 -1 3];
[P,r]=deconv(A,B)
P =
    0.5000    4.2500    1.3750
r =
    0    0    0    -11.3750    -14.1250
```

商多项式 P 为　$0.5x^2+4.25x+1.375$

余项多项式 r 为　$-11.375x-14.125$

第 7 章　Simulink 仿真基础知识及设计

本章重点

本章介绍 SimuLink 仿真的基础知识，掌握好本章有助于方便地利用模型化图形建立系统模型，其中重点讲解 SimuLink 仿真基础知识。

（1）Simulink 简介；

（2）Simulink 功能模块的处理；

（3）Simulink 仿真常用设置；

（4）Simulink 仿真举例；

（5）S 函数设计与应用。

7.1　Simulink 简介

SimuLink 是 MATLAB 软件的扩展，它是实现动态系统建模和仿真的一个软件包，它是一种基于 MATLAB 的框图设计环境，支持线性和非线性系统，可以用连续采样时间、离散采样时间或两种混合的采样时间进行建模，它支持多速率系统，也就是系统中的不同部分具有不同的采样。Simulink 提供了一个模型方块图的图形用户接口，使得用户可以把更多的精力投入到系统模型的构建，而非语言的编程上。

Simulink 包含有许多不同功能的模块库，如 Sources（输入源模块库）、Sinks（输出模块库）、Math Operations（数学模块库），以及线性模块和非线性模块等各种组件模块库，用户还可以创建自己的模块。这样，Simulink 能够满足工程人员不同的要求，构建出各种系统模型。

7.1.1　启动 Simulink

作为 MATLAB 的重要组件，可用以下 2 种方法启动 Simulink：

（1）启动 MATLAB 后，单击 MATLAB 窗口的 Simulink 按钮来打开 Simulink Library Browser 窗口，如图 7.1 所示。

（2）在 MATLAB 命令行窗口中输入"Simulink"，也可以打开 Simulink Library Browser 的窗口。

使用上面任何一种方式都可以打开"Simulink Library Browser"对话框，在该对话框中可以选择查看各种 Simulink 模块，如图 7.1 所示。也可以创建新的模型，打开已经创建的模块等。

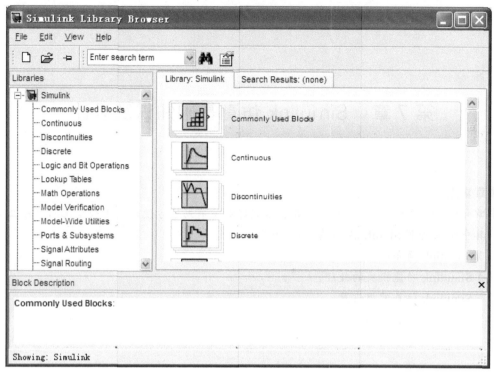

图 7.1　Simulink Library Browser 窗口

7.1.2　Simulink 模块库

从图 7.1 所示的界面左侧可以看到，各个用途不同的模块组成了 Simulink 的模块库。模块库按功能进行分类，主要介绍以下子库：

（1）连续模块库(Continuous)，包含了描述线性函数的模块：Integrator（输入信号积分），Derivative（输入信号微分），State-Space（线性状态空间系统模型），Transfer-Fcn（线性传递函数模型），Zero-Pole（以零极点表示的传递函数模型），Memory（存储上一时刻的状态值），Transport Delay（输入信号延时一个固定时间再输出），Variable Transport Delay（输入信号延时一个可变时间再输出）。

（2）非连续模块库（Discontinuous），包含了描述非连续系统的模块：Backlash（磁滞回环模块），Coulomb & Viscous Friction（库仑和黏性摩擦模块），Dead Zone（死区模块），Dead Zone Dynamic（动态死区模块），Hit Crossing（捕获穿越点），Quantizer（量子点模块），Rate Limite（速度限制模块），Relay（继电器模块），Saturation（饱和度模块），Wrap To Zero（限零模块）。

（3）离散模块库(Discrete)，包含了描述离散事件系统组件的模块：Discrete-time Integrator（离散时间积分器），Discrete Filter（IIR 与 FIR 滤波器），Discrete State-Space（离散状态空间系统模型），Discrete Transfer-Fcn（离散传递函数模型），Discrete Zero-Pole（以零极点表示的离散传递函数模型），First-Order Hold（一阶采样和保持器），Zero-Order Hold（零阶采样和保持器），Unit Delay（一个采样周期的延时）。

（4）数学运算模块库(Math Operations)，包含了描述一般数学函数的模块：Abs（绝对值模块），Add（加法模块），Algebraic Constraint（求解代数极限模块），Assignment（分配模块），Bias（偏差模块），Complex to Magnitude-Angle（复数转换为幅值和相角模块），Complex to Real-Imag（复数转换为实部和虚部模块），Divide（乘法与除法模块），Dot Product（点积模块），Gaim（增益模块），Magnitude-Angle to Complex（复制和相角转换为复数模块），Math Function（数学函数模块），Matrix Concatenation（矩阵串联），Matrix Gain（矩阵增益模块），MinMax（最大与最小模块），Pllynomial（多项式），Product（乘积模块），Real-Imag to Complex（实部和虚部转换为复数），Relation Operator（关系操作），Reshape（信号维数改变模块），Rouding Function（环绕取舍函数），Sign（符号函数），Slider Gain（滑标增益），Substract（代数求差模块），Sum（代数求和模块），Trigonometric Function（三角函数模块）。

（5）接收器模块库（Sinks），包含用于显示或者输出的模块：Display（显示模块），Floating Scope（浮动观察模块），Out1（输出模块），Scope（示波器模块），Terminator（终止信号模块），To File（到文件模块），To Workspace（到工作空间模块），XY Graph（XY 图表）。

（6）输入源模块库（Sources），包含了产生信号的模块：Band-Limited White Nosie（限制波段噪声控制），Chirp Signal（噪声信号），Clock（时钟模块），Constant（常量），Counter Free-Runnning（自由振荡计数器），Counter Limited（限制计数器），Digital Clock（数字时钟），From File（由文件导入模块），From Workspace（由空间导入模块），Ground（接地模块），In1（输入信号模块），Pulse Generator（脉冲生成器），Ramp（斜坡信号），Repeating Sequence（重复操作），Repeating Sequence Interpolated（以内插值替换的重复操作），Signal Builder（信号建立），Signal Generator（信号生成器），Sine Wave（正弦波），Step（阶跃信号），Uniform Random Number（统一随机数字）。

除了上述模块库还有查询表模块库(Lookup Tables)，模型检测模块库(Model Verification)，模型扩充工具箱模块库（Model-Wide Utilities），端口和子系统模块库（Ports&Subsystems），信号属性（Signal Attributes），信号路线（Signal Routing），用户自定义函数模块库（User-Defined Functions），附加模块库（Additional Math&Discrete）和其他专业工具箱，这里不再一一列举。

★★注意：

可以右键点击模块，然后点击 Help 选项查看模块具体用法和功能，如图 7.2 和图 7.3 所示。

图 7.2　进入模块帮助功能

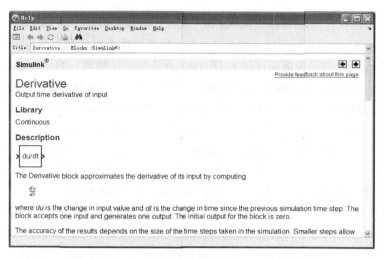

图 7.3　帮助信息

7.2　Simulink 功能模块的处理

7.2.1　功能模块参数设置

在仿真前，应该设置好功能模块的参数。不同功能模块的参数是不同的，用鼠标双击该功能模块就会自动弹出相应的参数设置对话框。图 7.4 是传输延迟功能模块的对话框。

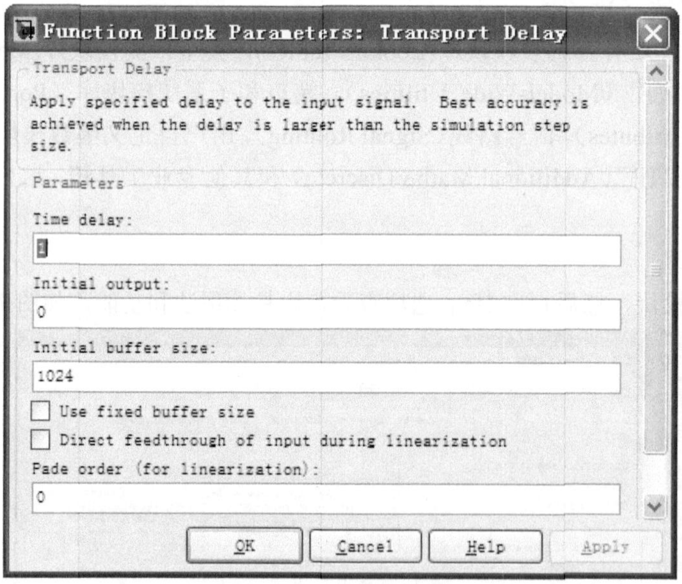

图 7.4　传输延迟功能模块参数设置对话框

对话框由顶部的模块说明和参数设置框组成。模块说明是告知用户该模块的功能和用法，参数设置框中可以输入用户需要的参数，例如该模块就可以对延迟时间、初始输入，缓冲区大小等进行设置。对话框下面有【OK】（确认）、【Cancel】（取消）、【Help】（帮助）和【Apply】（应用）4 个按钮，设置功能模块参数后，需单击【OK】将设置的参数传到仿真操作界面，关闭对话框。单击【Cancel】取消刚才设置的参数并关闭对话框。单击【Help】按钮，将弹出如图 7.3 的帮助信息。单击【Apply】按钮将设置参数送到仿真操作界面，但不关闭对话框。

7.2.2　Simulink 模块的基本操作

功能模块的基本操作，包括模块的移动、复制、删除、转向、改变大小、模块命名、颜色设定、参数设定、属性设定、模块输入输出信号等。

移动：选中模块，按住鼠标左键将其拖曳到所需的位置即可。若要脱离线而移动，可按住 shift 键，再进行拖曳。

复制：选中模块，然后按住鼠标右键进行拖曳即可复制同样的一个功能模块。

删除：选中模块，按 Delete 键即可。若要删除多个模块，可以同时按住 Shift 键，再用鼠标选中多个模块，按 Delete 键即可。也可以用鼠标选取某区域，再按 Delete 键就可以把该区域中的所有模块和线等全部删除。

转向：为了能够顺序连接功能模块的输入和输出端，功能模块有时需要转向。在菜单 Format 中选择 Flip Block 旋转 180 度，选择 Rotate Block 顺时针旋转 90 度。或者按 Ctrl+R 键执行 Rotate Block。

改变大小：选中模块，对模块出现的 4 个黑色标记进行拖曳即可。

模块命名：先用鼠标在需要更改的名称上单击一下，然后直接更改即可。名称在功能模块上的位置也可以变换 180 度，可以用 Format 菜单中的 Flip Name 来实现，也可以直接通过鼠标进行拖曳。Hide Name 可以隐藏模块名称。

颜色设定：Format 菜单中的 Foreground Color 可以改变模块的前景颜色，Background Color 可以改变模块的背景颜色；而模型窗口的颜色可以通过 Screen Color 来改变。

参数设定：用鼠标双击模块，就可以进入模块的参数设定窗口，从而对模块进行参数设定。参数设定窗口包含了该模块的基本功能帮助，为获得更详尽的帮助，可以点击其上的 help 按钮。通过对模块的参数设定，就可以获得需要的功能模块。

属性设定：选中模块，打开 Edit 菜单的 Block Properties 可以对模块进行属性设定。包括 Description 属性、Priority 优先级属性、Tag 属性、Open function 属性、Attributes format string 属性。其中 Open function 属性是一个很有用的属性，通过它指定一个函数名，则当该模块被双击之后，Simulink 就会调用该函数执行，这种函数在 MATLAB 中称为回调函数。

模块的输入输出信号：模块处理的信号包括标量信号和向量信号；标量信号是一种单一信号，而向量信号为一种复合信号，是多个信号的集合，它对应着系统中几条连线的合成。缺省情况下，大多数模块的输出都为标量信号，对于输入信号，模块都具有一种"智能"的识别功能，能自动进行匹配。某些模块通过对参数的设定，可以使模块输出向量信号。

7.2.3　Simulink 模块间的连线处理

Simulink 模型的构建是通过用线将各种功能模块进行连接而构成的。用鼠标可以在功能模块的输入与输出端之间直接连线。所画的线可以改变粗细、设定标签，也可以把线折弯、分支。

改变粗细：线所以有粗细是因为线引出的信号可以是标量信号或向量信号，当选中 Format

菜单下的 Wide Vector Lines 时，线的粗细会根据线所引出的信号是标量还是向量而改变，如果信号为标量则为细线，若为向量则为粗线。选中 Vector Line Widths 则可以显示出向量引出线的宽度，即向量信号由多少个单一信号合成。

设定标签：只要在线上双击鼠标，即可输入该线的说明标签。也可以通过选中线，然后打开 Edit 菜单下的 Signal Properties 进行设定，其中 signal name 属性的作用是标明信号的名称，设置这个名称反映在模型上的直接效果就是与该信号有关的端口相连的所有直线附近都会出现写有信号名称的标签。

线的折弯：按住 Shift 键，再用鼠标在要折弯的线处单击一下，就会出现圆圈，表示折点，利用折点就可以改变线的形状。

线的分支：按住鼠标右键，在需要分支的地方拉出即可以。或者按住 Ctrl 键，并在要建立分支的地方用鼠标拉出即可。

7.3　Simulink 仿真常用设置

在编辑好仿真程序后，应设置仿真操作参数，以便进行仿真。单击 Simulation 菜单下面的 Configuration Parameters 项或者直接按快捷键"Ctrl+E"，便弹出如图 7.5 所示的设置窗口，它包括仿真器参数（Solver）设置、工作空间数据导入/导出（Data Import/Export）设置等。下面介绍控制系统常用的仿真设置。

图 7.5　Simulink 设置窗口

7.3.1　仿真器参数设置

7.3.1.1　仿真时间

这里所指的时间并不是真实的时间，只是计算机仿真中对时间的一种表示，需要设置的有仿真起始时间（Start time）和仿真结束时间（Stop time）。一般仿真的起始时间设置为 0，结束时间则视不同的情况进行选择。

7.3.1.2　仿真步长模式设置

用户在如图 7.6 所示 Type 后面的下拉菜单中指定仿真的步长选取方式，可供选择的有 Variable-step（变步长）和 Fixed-step（固定步长）方式。选择变步长模式则可以在仿真过程中改变步长，提供误差和过零检测选择。固定步长模式则可以在仿真过程中提供固定步长，不提供误差控制和过零检测。

7.3.1.3　解法器设置

1. 变步长模式解法器

用户在如图 7.6 所示的 Solver 后面的下拉选项中选择变步长模式解法器，变步长模式解法器有：discrete、ode45、ode23、ode113、ode15s、ode23s、ode23 和 ode23tb，下面简单介绍这些解法器的含义。

图 7.6　解法器参数设置窗口

（1）discrete：当 Simulink 检查到模型没有连续状态时使用它。

（2）ode45：默认值，表示四阶/五阶龙格-库塔法，适用于大多数连续或离散系统，但不适用于刚性（stiff）系统。它是单步解法器，即在计算 $y(t_n)$ 时，它仅需要最近处理时刻的结果 $y(t_{n-1})$。建议一般仿真时，先试试 ode45。

（3）ode23：表示二阶/三阶龙格-库塔法，它在误差限要求不高和求解的问题不太难的情况下，可能会比 ode45 更有效。它也是一个单步解法器。

（4）ode113：表示一种阶数可变的解法器，它在误差容许要求严格的情况下通常比 ode45 有效。Ode113 是一种多步解法器，也就是指在计算当前时刻的输出值时，需要以前多个时刻的解。

（5）ode15s：表示一种基于数字微分公式的解法器（NDFs），它也是一种多步解法器。适用于刚性系统，当用户估计要解决的问题是比较困难的、不能使用 ode45 或者使用 ode45 效果不好时，就可使用 ode15s。

（6）ode23s：表示一种单步解法器，专门应用于刚性系统，在弱误差时允许的效果优于 ode15s。它能解决某些 ode15s 不能有效解决的 stiff 问题。

（7）ode23t：表示梯形规则的一种自由差值实现。这种解法器适用于求解适度 stiff 而用户又需要一个无数字振荡的解法器的情况。

（8）ode23tb：表示 TR-BDF2 的一种实现，TR-BDF2 是具有两个阶段的隐式龙格-库塔公式。

2. 固定步偿模式解法器

固定步偿模式解法器有：discrete、ode5、ode4、ode3、ode2、ode1 和 ode14x。

（1）discrete：表示一种实现积分的固定步长解法器，它适合于离散无连续状态的系统。

（2）ode5：默认值，是 ode45 的固定步长版本，适用于大多数连续或离散系统，不适用于刚性系统。

（3）ode4：表示四阶龙格-库塔法，具有一定的计算精度。

（4）ode3：表示固定步长的二阶/三阶龙格-库塔法。

（5）ode2：表示改进的欧拉法。

（6）ode1：表示欧拉法。

（7）ode14x：表示固定步长的隐式外推法。

7.3.1.4　变步长模式的步长参数设置

对于变步长模式，用户常用的设置有：最大和最小步长参数、相对误差和绝对误差、初始步长以及过零控制，默认情况下，步长是自动确定，用 auto 值表示。

（1）Max step size（最大步长参数）：决定解法器能够使用的最大时间步长，它的默认值为"仿真时间/50"，即整个仿真过程中至少取 50 个取样点，但对于仿真时间较长的系统则可能带来取样点稀疏的问题，可能会使仿真结果失真。一般建议对于仿真时间不超过 15 s 的采用默认值即可，对于超过 15 s 的每秒至少保证 5 个采样点，对于超过 100 s，每秒至少保证 3 个采样点。

（2）Min step size（最小步长参数）：用来规定变步长仿真时使用的最小步长。

（3）Relative tolerance（相对误差）：指误差相对于状态的值，是一个百分比，默认值 1e-3，表示状态的计算值要精确到 0.1%。

（4）Absolute tolerance（绝对误差）：表示误差的门限，或者是在状态值为零的情况下可以接受的误差。如果它被设成了 auto，那么 Simunlink 为每一个状态设置初始绝对误差为 1e-6。

（5）Initial step size（初始步长参数）：一般建议使用 auto 默认值。

（6）Zero crossing control：过零点控制，用来检查仿真系统的非连续。

7.3.1.5　固定步长模式的步长参数设置

对于固定步长模式，用户常用的设置有：

（1）Multitasking：选择这种模式时，当 Simulink 检测到模块间非法的采样速率转换时系统会给出错误提示。所谓的非法采样速率转换指两个工作在不同采样速率的模块之间的直接连接。在实时多任务系统中，如果任务之间存在非法采样速率转换，那么就有可能出现一个模块的输出在另一个模块需要时却无法使用的情况。通过检查这种转换，Multitasking 将有助于用户建立一个符合现实的多任务系统的有效模型。使用速率转换模块可以减少模型中的非法速率转换。Simulink 提供了两个这样的模块：unit delay 模块和 zero-order hold 模块。对于从慢速率到快速率的非法转换，可以在慢输出端口和快输入端口插入一个延时（unit delay）模块。对于快速率到慢速率的转换，可以插入一个零阶采样保持器（zero-oder hold）。

（2）Singletasking：这种模式不检查模块间的速率转换，它在建立单任务系统模型时非常有用，在这种系统中不存在同步问题。

（3）Auto：选择这种模式时，Simulink 会根据模型中模块间的采用是否一致，自动决定切换到 Multitasking 模式或 Singletasking 模式。

7.3.2　工作空间数据导入/导出设置

在图 7.5 所示界面左侧选择"Data Import/Export"选项，进入工作空间数据导入/导出设置的界面如图 7.7 所示，它主要在 Simulink 与 MATLAB 工作空间交换数值时进行有关选项设置，可以设置 Simulink 和当前工作空间的数据输入、输出。通过设置，可以从工作空间输入数据、初始化状态和模块，也可以把仿真结果、状态变量、时间数据保存到当前工作空间，它包括以下三个选项：

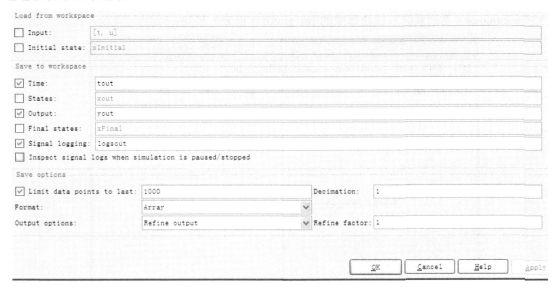

图 7.7　工作空间数据导入/导出设置窗口

（1）Load from workspace：选中前面的复选框可从 MATLAB 工作空间获取时间和输入变量，一般时间变量定义为 t，输入变量定义为 u。Initial state 用来定义从 MATLAB 工作空间获得的状态初始值的变量名。Simulink 通过设置模型的输入端口，实现在仿真过程中从工作空间读入数据。模块库（Ports&Subsystems）中的 In1 模块，设置其参数是，选中 input 前的复选框，并在后面的编辑框键入输入数据的变量名，并可以用命令窗口或 M 编辑器输入数据。Simulink 根据输入端口参数中设置的采样时间读取输入数据。

（2）Save to workspace：用来设置存在 MATLAB 工作空间的变量类型和变量名，可以选择保存的选项有：时间、端口输出、状态和最终状态。选中选项前面的复选框并在选项后面的编辑框输入变量名，就会把响应数据保存到指定的变量中。模块库（Ports&Subsystems）中的 Out1 模块和接收器库（Sinks）中的 To Workspace 模块。

（3）Save options：用来设置存往工作空间的有关选项。Limit data points to last 用来设定 Simulink 仿真结果最终可存往 MATLAB 工作空间的变量规模，对于向量而言即其维数，对于矩阵而言即其秩；Decimation 设定了一个亚采样因子，它的默认值为 1，也就是对每一个仿真时间点产生值都保存，若为 2 则是每隔一个仿真时刻才保存一个值。Format 用来说明返回数据的格式，包括矩阵（Array）、结构体（struct）及带时间的结构体（struct with time）。

7.4 Simulink 仿真举例

通过前面的内容，读者应该初步了解并掌握了 Simulink 的使用。下面通过几个实例讲述如何使用 Simulink 进行仿真。

【例 7.1】使用 Simulink 对正弦信号 sin（t）积分。

分别将 Simulink Library Browser 中的以下模块依次拖到窗口中，并连接起来，如图 7.8 所示，需要的模块有：

Source（信号源）模块库中的 Sine Wave（正弦波）模块；

Sinks（接收器）模块库中的 Scope（示波器）模块；

Continuous（连续系统）模块库中的 Integrator（积分）模块；

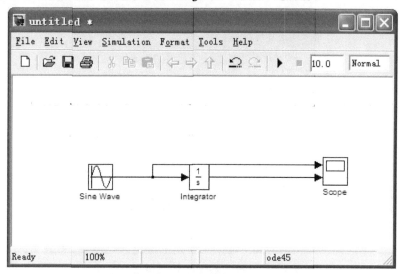

图 7.8　求解 sin（t）积分 Simulink 模型

运行仿真，输出结果如图 7.9 所示，两组输出分别为 sin（t）和其积分后的曲线。

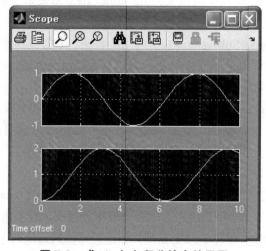

图 7.9　求 sin（t）积分输出结果图

【例 7.2】已知单位负反馈二阶系统的开环传递函数为 $G(s) = \dfrac{5}{s^2 + 2s}$，用 Simulink 求取其单位阶跃响应。

（1）分别将 Simulink Library Browser 中的以下模块依次拖到窗口中，需要的模块有：

Souces（信号源）模块库中的 Step（阶跃信号）模块；

Sinks（接收器）模块库中的 Scope（示波器）模块；

Continuous（连续系统）模块库中的 Transfer Fcn（传递函数）模块；

Math（数学）模块库中的 Sum（求和）模块。

（2）设置模块参数。

双击 Transfer Fcn 模块，并将其中的 Numerator 设置为"[5]"，Denominator 设置为"[1 3 0]"，如图 7.10 所示，同理将 Sum 模块设置为"＋ －"。

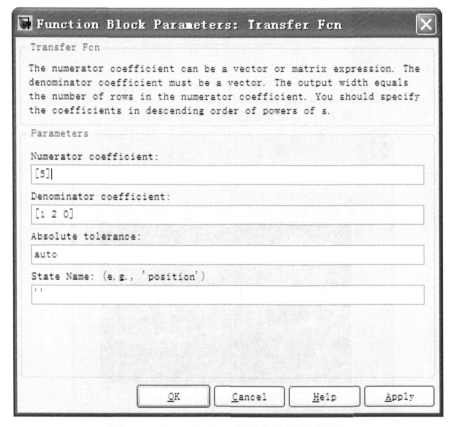

图 7.10　Transfer Fcn 模块参数设置对话框

（3）连接各个模块如图 7.11 所示。

（4）运行仿真模型，得到系统阶跃响应曲线如图 7.12 所示。

【例 7.3】系统传递函数表示为 $\dfrac{Y(s)}{X(s)} = \dfrac{G(s)}{1 + G(s)}$，其中 s = $\begin{cases} 1.0 & r > \text{threshold} \\ 0 & r \leqslant \text{threshold} \end{cases}$，$G(s) = \dfrac{s+10}{4s^2 + s}$，用 Simulink 求其单位阶跃响应，并将其结果导入 MATLAB 的工作空间中，在工作空间中绘制响应曲线。

（1）分别将 Simulink Library Browser 中的以下模块依次拖到窗口中，如图 7.13 所示，需要的模块有：

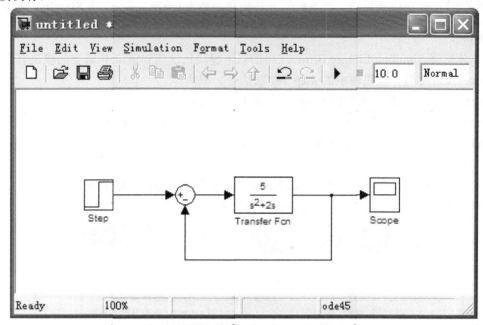

图 7.11　二阶单位负反馈系统 Simulink 模型

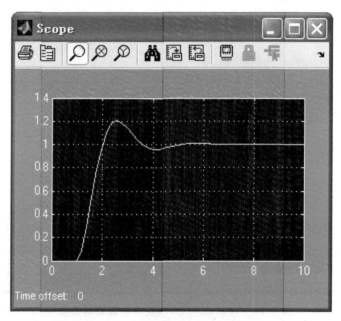

图 7.12　二阶单位负反馈系统结果图

Souces（信号源）模块库中的 Step（阶跃信号）模块；

Sinks（接收器）模块库中的 Scope（示波器）模块和 To workspace（到工作空间）模块；

Continuous（连续系统）模块库中的 Transfer Fcn（传递函数）模块；

Math（数学）模块库中的 Sum（求和）模块。

（2）设置模块参数。

双击 Transfer Fcn 模块，将 Numerator 设置为[1 10],将 Denominator 设置为[4 1 0]。

双击 Sum 模块将"＋＋"改为"＋－"。

双击 To workspace 模块,将导出数据命名为 y,这样仿真结果在工作空间会以变量 y 存在。且将 save format 设置为 array,这样运行后在工作空间便可以使用 plot 将导出的数据进行绘图。

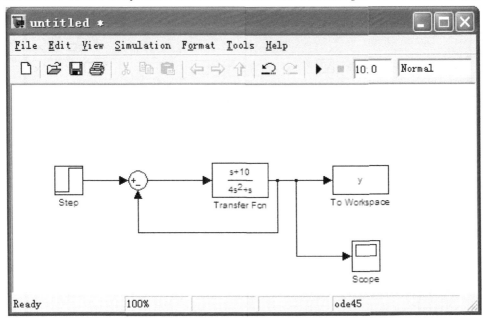

图 7.13　例 7.3 控制系统 Simulink 模型

(3) 运行仿真,双击 Scope,结果如图 7.14 所示。

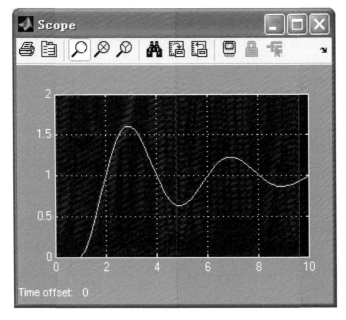

图 7.14　例 7.3 仿真结果

(4) 在 MATLAB 空间中,可以看到导入的变量 y,双击变量 y,可以看到其中的数据如图 7.15 所示。还可以使用 plot 命令显示 y,如图 7.16 所示。

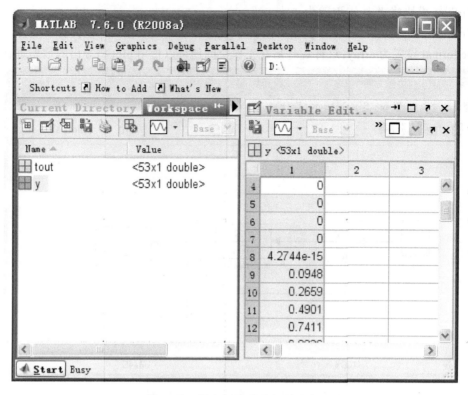

图 7.15　导入到工作空间的变量

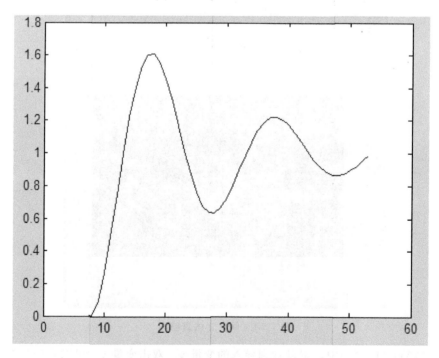

图 7.16　工作空间中仿真结果的图形化输出

7.5　S 函数设计与应用

Simulink 为用户提供了许多内置的基本库模块，通过这些模块进行连接而构成系统的模型。对于那些经常使用的模块进行组合并封装可以构建出重复使用的新模块，但它依然是基于 Simulink 原来提供的内置模块。而 Simulink S-function 是一种强大的对模块库进行扩展的新工具。

7.5.1　S-function 的概念

S-function 是一个动态系统的计算机语言描述，在 MATLAB 里，用户可以选择用 m 文件编写，也可以用 c 或 mex 文件编写，在这里只给大家介绍如何用 m 文件编写 S-function。

S-function 提供了扩展 Simulink 模块库的有力工具，它采用一种特定的调用语法，使函数和 Simulink 解法器进行交互。

S-function 最广泛的用途是定制用户自己的 Simulink 模块。它的形式十分通用，能够支持连续系统、离散系统和混合系统。

7.5.2　建立 m 文件 S-function

7.5.2.1　使用模板文件：sfuntmp1. m

该模板文件位于 MATLAB 根目录下 toolbox/simulink/blocks 目录下。

模板文件里 S-function 的结构十分简单，它只为不同的 flag 的值指定要相应调用的 m 文件子函数。比如当 flag=3 时，即模块处于计算输出这个仿真阶段时，相应调用的子函数为 sys=mdloutputs(t,x,u)。

模板文件使用 switch 语句来完成这种指定，当然这种结构并不唯一，用户也可以使用 if 语句来完成同样的功能。而且在实际运用时，可以根据实际需要来去掉某些值，因为并不是每个模块都需要经过所有的子函数调用。

模板文件只是 Simulink 为方便用户而提供的一种参考格式，并不是编写 S-function 的语法要求，用户完全可以改变子函数的名称，或者直接把代码写在主函数里，但使用模板文件的好处是，比较方便，而且条理清晰。

使用模板编写 S-function，用户只需把 S-函数名换成期望的函数名称，如果需要额外的输入参量，还需在输入参数列表的后面增加这些参数，因为前面的 4 个参数是 simulink 调用 S-function 时自动传入的。对于输出参数，最好不做修改。接下去的工作就是根据所编 S-function 要完成的任务，用相应的代码去替代模板里各个子函数的代码即可。

Simulink 在每个仿真阶段都会对 S-function 进行调用，在调用时，Simulink 会根据所处的仿真阶段为 flag 传入不同的值，而且还会为 sys 这个返回参数指定不同的角色，也就是说尽管是相同的 sys 变量，但在不同的仿真阶段其意义却不相同，这种变化由 Simulink 自动完成。

m 文件 S-function 可用的子函数说明如下：

（1）mdlInitializeSizes：定义 S-function 模块的基本特性，包括采样时间、连续或者离散状态的初始条件和 sizes 数组。

（2）mdlDerivatives：计算连续状态变量的微分方程。

（3）mdlUpdate：更新离散状态、采样时间和主时间步的要求。

（4）mdlOutputs：计算 S-function 的输出。

（5）mdlGetTimeOfNextVarHit：计算下一个采样点的绝对时间，这个方法仅仅是在用在 mdlInitializeSizes 里说明了一个可变的离散采样时间。

（6）mdlTerminate：实现仿真任务必须的结束。

概括说来，建立 S-function 可以分成两个分离的任务：

（1）初始化模块特性包括输入输出信号的宽度，离散连续状态的初始条件和采样时间。

（2）将算法放到合适的 S-function 子函数中去。

7.5.2.2 定义 S-function 的初始信息

为了让 Simulink 识别出一个 m 文件 S-function，用户必须在 S-函数里提供有关 S-函数的说明信息，包括采样时间、连续或者离散状态个数等初始条件。这一部分主要是在 mdlInitializeSizes 子函数里完成。

Sizes 数组是 S-function 函数信息的载体，它内部的字段意义为：

（1）NumContStates：连续状态的个数（状态向量连续部分的宽度）。

（2）NumDiscStates：离散状态的个数（状态向量离散部分的宽度）。

（3）NumOutputs：输出变量的个数（输出向量的宽度）。

（4）NumInputs：输入变量的个数（输入向量的宽度）。

（5）DirFeedthrough：有无直接馈入。注意 DirFeedthrough 是一个布尔变量，它的取值只有 0 和 1 两种，0 表示没有直接馈入，此时用户在编写 mdlOutputs 子函数时就要确保子函数的代码里不出现输入变量 u；1 表示有直接馈入。

（6）NumSampleTimes：表示采样时间的个数，也就是 ts 变量的行数，与用户对 ts 的定义有关。

需要指出的是，由于 S-function 会忽略端口，所以当有多个输入变量或多个输出变量时，必须用 mux 模块或 demux 模块将多个单一输入合成一个复合输入向量或将一个复合输出向量分解为多个单一输出。

7.5.2.3 输入和输出参量说明

S-function 默认的 4 个输入参数为 t、x、u 和 flag，它们的次序不能变动，代表的意义分别为：

（1）t：代表当前的仿真时间，这个输入参数通常用于决定下一个采样时刻，或者在多采样速率系统中，用来区分不同的采样时刻点，并据此进行不同的处理。

（2）x：表示状态向量，这个参数是必须的，甚至在系统中不存在状态时也是如此。它具有很灵活的运用。

（3）u：表示输入向量。

（4）flag：是一个控制在每一个仿真阶段调用哪一个子函数的参数，由 Simulink 在调用时自动取值。

S-function 默认的 4 个返回参数为 sys、x0、str 和 ts，它们的次序不能变动，代表的意义分别为：

（1）sys：是一个通用的返回参数，它所返回值的意义取决于 flag 的值。

（2）x0：是初始的状态值（没有状态时是一个空矩阵[ ]），这个返回参数只在 flag 值为 0 时才有效，其他时候都会被忽略。

（3）str：这个参数没有什么意义，是 MathWorks 公司为将来的应用保留的，m 文件 S-function 必须把它设为空矩阵。

（4）ts：是一个 m×2 的矩阵，它的两列分别表示采样时间间隔和偏移。

使用模板编写 S-function，用户只需要把 S 函数名换成期望的函数名，如果需要额外的输入参量，还需在输入参数列表的后面增加这些参数，因为前面的 4 个参数是 Simulink 调用 S-function 时自动传入的。对于输入参数，最好不修改。接下来的工作就根据所编 S-function 要完成的任务，用响应的代码去替代模板里各个子函数的代码。

Simulink 在每个仿真阶段都会对 S-function 进行调用，在调用时，Simulink 会根据所处的仿真阶段为 flag 传入不同的值，而且还会为 sys 这个返回参数指定不同的角色，即尽管是相同 sys 变量，但在不同的仿真阶段其意义却不相同，这种变化由 Simulink 自动完成。

7.5.3　S 函数设计举例

【例 7.4】利用 MATLAB 中的 S 函数模板设计一个连续系统的 S-Function，其系统方程状态为 $\begin{cases} \dfrac{\mathrm{d}x}{\mathrm{d}t} = -x(t) + u(t) \\ y(t) = x(t) \end{cases}$，并用 Simulink 中的 S 函数，绘制此系统的单位阶跃相应曲线。

（1）建立 S 函数的 M 文件。

根据系统状态方程对 MATLAB 提供的 S 函数模板进行修改，得到 sfuction7_4.m 文件。具体操作如下：复制 MATLAB 安装文件夹下 toolbox\simulink\blocks 子目录下的 sfuntmpl.m 文件，并将其改名为 sfuction_example.m，再根据状态方程修改程序中的代码。

具体修改如下：

① 重新命名函数。

函数名称需要根据文件名进行修改，如下所示：

function [sys,x0,str,ts] =sfunction_example(t,x,u,flag,x_initial)

其中，x_initial 是状态变量 x 的初始值，它由用户通过 MATLAB 手工赋值。

主函数部分代码如下：

```
switch flag,
   case 0, %Initialization（初始化）%
     [sys,x0,str,ts]=mdlInitializeSizes(x_initial);
   case 1, % Derivatives（计算模块导数）%
     sys=mdlDerivatives(t,x,u);
   case 2,   % Update（更新模块离散状态）%
     sys=mdlUpdate(t,x,u);
```

```
    case 3, % Outputs（计算模块输出）%
        sys=mdlOutputs(t,x,u);
    case 4, % GetTimeOfNextVarHit（计算下一个采样时间点）%
        sys=mdlGetTimeOfNextVarHit(t,x,u);
    case 9, % Terminate（仿真结束）%
        sys=mdlTerminate(t,x,u);
    otherwise    % Unexpected flags（出错标记）%
        DAStudio.error('Simulink:blocks:unhandledFlag', num2str(flag));
end
```

② 修改"初始化"函数代码。

修改后的代码如下：

function [sys,x0,str,ts]=mdlInitializeSizes(x_initial)% x 变量的初始值由用户设定，输入参数
需要增加 x_initial 变量。

```
    sizes = simsizes;                  %用于设置模块参数的结构体
    sizes.NumContStates   = 1;         %系统中的连续状态变量个数为 1
    sizes.NumDiscStates   = 0;         %系统中的离散状态变量个数为 0
    sizes.NumOutputs       = 1;        %系统的输入个数为 1
    sizes.NumInputs        = 1;        %系统的输出个数为 1
    sizes.DirFeedthrough = 0;          %输入和输出间不存在直接比例关系
    sizes.NumSampleTimes = 1;          %只有一个采样时间
    sys = simsizes(sizes);             %设置完后赋给 sys 输出
    x0    = x_initial;                 %设定状态变量的初始值
    str = [ ];                         %固定格式
    ts    = [0 0];                     %该取值对应纯连续系统
```

③ 修改"计算模块导数"函数代码。

修改后的代码如下：

function sys=mdlDerivatives(t,x,u)

```
    dx=-x+u                           %对应状态方程 $\dfrac{dx}{dt} = - x(t)+u(t)$
    sys=dx;                           %将计算得出的导数赋给 sys 变量
```

④ 修改"更新模块离散状态"函数代码。

修改后的代码如下：

function sys=mdlUpdate(t,x,u)

```
    sys = [ ];                         %因为本例讨论连续时间系统，该部分代码不需修改。
```

⑤ 修改"计算模块输出"函数代码。

修改后的代码如下：

function sys=mdlOutputs(t,x,u)

```
    sys = x;                           %输出方程为 y=x 只需将 x 的值赋给 sys
```

⑥ 修改"计算下一个采样时间点"函数代码。

修改后的代码如下：

function sys=mdlGetTimeOfNextVarHit(t,x,u)

sampleTime = 1;　　　　　　　　%只在离散采样系统中有用，此处不用改

sys = t + sampleTime;

⑦ function sys=mdlTerminate(t,x,u)。

sys = [ ];　　　　　　　　　　%表示系统结束，一般可采取默认设置

（2）在 S-function 模块中调用 sfuction_example。

打开 Simulink，在 Simulink 中新建一个空白的模型窗口，拖动 S-function 到窗口中，并放置阶跃函数和示波器如图 7.17。双击 S-function 如图 7.18 所示，将 S-function name 改为所编写的 m 文件名 sfuction_example，S-function parameter（函数额外变量），此例中仅仅增加了一个额外变量 x_initial。

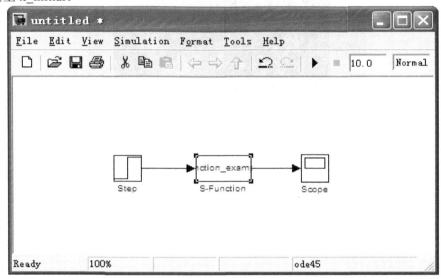

图 7.17　系统模型

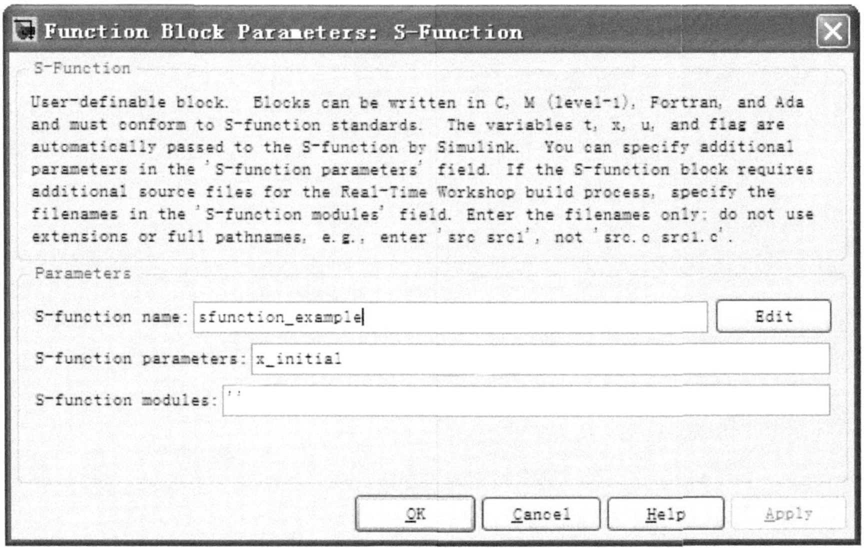

图 7.18　S-function 设置窗口

（3）给状态变量赋初始值。

在进行仿真前通过在 MATLAB 工作空间中输入命令 clear；x_initial=0；给变量 x 赋初始值 0。

运行仿真，其结果如图 7.19 所示。通过和其他方式的仿真结果对比证明该 S-function 函数编写正确。

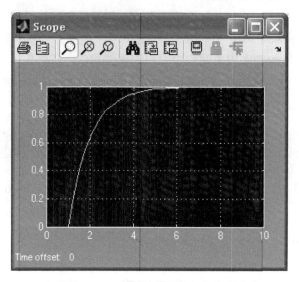

图 7.19　系统单位阶跃响应波形

第 8 章　MATLAB 图形用户界面

本章重点

本章介绍了 MATLAB 的图形用户界面，学习本章可使用户在不具备深厚数学基础的情况下更加方便灵活地运用 MATLAB。本章重点要掌握 GUIDE 的使用方法：

（1）图形句柄；

（2）脚本文件设计 GUI；

（3）GUIDE 的使用。

8.1　图形用户界面概述

前面介绍了 MATLAB 强大而灵活的数据图形可视化的功能，而 MATLAB 图形功能强大之处还体现在它可以创建图形用户界面。MATLAB 作为一种科学计算软件，其基本的功能需要通过 M 语言编程来实现，而图形界面的好处在于，它可以允许程序的使用者在不具备深厚编程和数学基础的前提下，也能通过图形界面完成相应的计算。MATLAB 使用 Windows、Unix或者 Linux 的统一外观作为自己的外观样式，它的图形用户界面应用程序可以做到一处编写，多处运行，MATLAB 创建图形用户界面有两种方法：

（1）图形句柄；

（2）GUIDE。

这两种方法都要使用 M 语言编程实现，但技术的侧重点不同。对于一般的用户只用 GUIDE创建图形用户界面应用程序已经足够了。MATLAB 提供了基本的用户界面元素，包括菜单、快捷菜单、按钮等。

★★注意：

GUIDE 创建图形用户界面的基础也是使用图形句柄对象，只不过是具有很好的封装，使用起来简单，可做到可视化开发。

图形界面的例子非常多，这里举一个简单的，使读者对其有个初步认识。

【例 8.1】设计一个界面，可以显示正弦函数 y=sin(a*t)的曲线，t 取值[0 15]，a 的取值由用户指定，并且在界面中设计按钮，实现显示和取消网格。

在 MATLAB 中新建 M 文件，编写 M 文件如下：

```
H=axes('unit','normalized','position',[0,0,1,1],'visible','off');
set(gcf,'currentaxes',H);
str='y=sin(a*t)';
text(0.12,0.95,str,'fontsize',11);
```

```
h_fig=get(H,'parent');
set(h_fig,'unit','normalized','position',[0.1,0.1,0.5,0.4]);
h_axes=axes('parent',h_fig,...
    'unit','normalized','position',[0.05,0.1,0.5,0.8],...
    'xlim',[0 15],'ylim',[0 1.5],'fontsize',8);
h_text=uicontrol(h_fig,'style','text',...
    'unit','normalized','position',[0.6,0.6,0.2,0.15],...
    'horizontal','left','string',{'输入参数','a ='});
h_edit=uicontrol(h_fig,'style','edit',...
    'unit','normalized','position',[0.6,0.5,0.2,0.15],...
    'horizontal','left',...
    'callback',[...
 'z=str2num(get(gcbo,"string"));',...
    't=0:0.1:15;',...
        'y=sin(z*t);',...
         'plot(y);']);
h_push1=uicontrol(h_fig,'style','push',...
    'unit','normalized','position',[0.6,0.3,0.12,0.15],...
    'string','grid on','callback','grid on');
h_push2=uicontrol(h_fig,'style','push',...
    'unit','normalized','position',[0.6,0.1,0.12,0.15],...
    'string','grid off','callback','grid off');
```

运行 M 文件，弹出如图 8.1 所示的界面，在编辑框中输入系数 a 的值，如输入 2，即显示函数 y=sin(2t)的曲线，结果如图 8.2，点击按钮 "grid on"，图形的变化如图 8.3 所示。

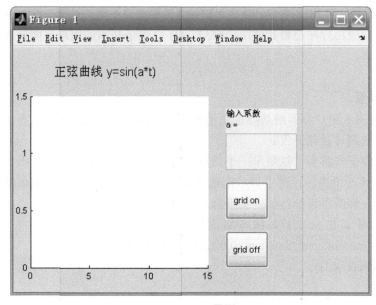

图 8.1　GUI 界面

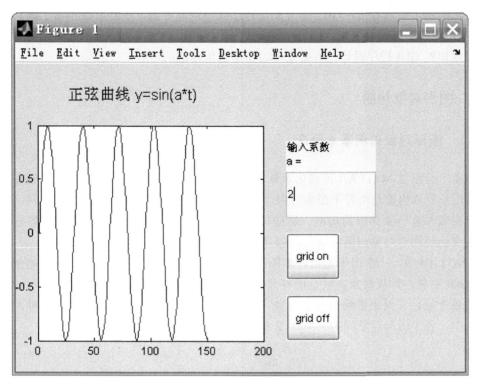

图 8.2　函数 y=sin(2t)曲线

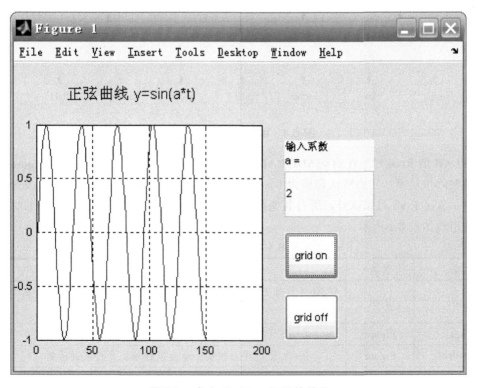

图 8.3　点击"grid on"后的效果

由上面的例子可以看出，GUI 通过底层程序代码创建界面，用户可以不需了解具体程序内容就可以直接操作应用程序。GUI 作为高质量程序与用户交流的平台，显得尤为重要，要想更深入地理解 GUI 程序设计，有必要学习图形对象句柄的内容。

8.2 图形对象句柄

8.2.1 图形对象句柄基本概念

前面章节介绍过 MATLAB 可视化函数，这些函数是将不同的曲线或者曲面绘制在图形窗体中，而图形窗体也就是由若干图形对象组成的可视化的图形界面。在 MATLAB 环境中，每一个图形对象都有一个相应的句柄，这些句柄帮助系统标识这些对象，获取或设置它们的属性。首先要理解图形对象句柄的概念，以及其使用方法。

在 MATLAB 中，一个图形是由许多图形对象组成的。在创建图形对象时，只能创建唯一的一个 Root 对象，即根对象，它是所有其他 MATLAB 图形对象的父对象，位于句柄图形对象层次的最上层。父对象影响所有子对象，子对象又影响它们的子对象，以此类推。在图形对象体系中，各个图形对象间的关系如图 8.4 所示。

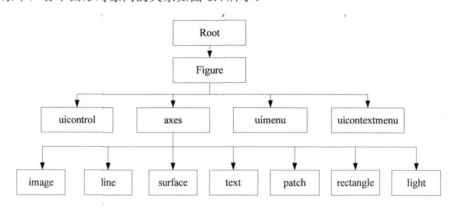

图 8.4　图像对象间的关系

MATLAB 的 Root 对象在启动 MATLAB 系统时自动创建，Root 的子对象是 Figure，除了退出不能删除该对象，它的默认句柄为 0。可以重新设置 Root 对象的属性，从而改变图形的显示效果。除了 Root 对象以外，所有其他图形对象都由与之同名的函数创建。图形对象的父类及它的用途如表 8.1 所示。

表 8.1　图　形　对　象

对象	父类	用　途
Figure	Root	在 Root 屏幕上分割窗口显示图形；若绘图不在当前窗口，则会自动创建一个 Figure 对象
Axes	Figure	轴对象在窗口中定义一个图形区域
Uicontrol	Figure	用户界面控制，通过事件触发执行回调函数
Uimenu	Figure	图形窗口的主菜单
Uicintextmenu	Figure	快捷菜单

续表8.1

对象	父类	用　途
Image	Axes	2D 图像
Line	Axes	绘图线函数
Surface	Axes	用实线或内插颜色来绘制面
Text	Axes	图形中的文本对象
Patch	Axes	片对象
Rectangle	Axes	矩形对象
Light	Axes	在图形上定义光源

8.2.2　获取图形对象句柄

在 MATLAB 中, 差不多所有的指令都可以返回创建对象的句柄。可以在对象创建时获取, 也可以通过层次关系获取。MATLAB 提供了多种方式获取对象的句柄。

（1）在对象创建时获取对象句柄的通用格式为:

Object_Handle=ObjectCreatCommand(　)

如输入语句:

>> handle_fig=figure;

可获得创建的图像窗口的句柄。

（2）当已知一个对象句柄, 通过该对象的句柄获取父或子对象的句柄的格式为:

① Parent_Handle=get(Known_handle, 'Parent');

② Children_Handle=get(Known_handle,'Children');

③ Children_Handle=allchild(handle); 获取子对象的专业函数。

（3）MATLAB 中提供了五个专用指令获取当前对象的句柄:

① gca 获取当前坐标轴对象的句柄, 等价于 get(gcf, 'CurrentAxes');

② gcf 获取当前 Figure 窗口的句柄, 等价于 get(0, 'CurrentFigure');

③ gcbo 获取当前回调函数执行对象的句柄, 也可以是当前 Figure 对象句柄;

④ gcbf 获取包含当前回调函数的 Figure 对象句柄;

⑤ gco 获取当前对象句柄或指定 Figure 对象的当前对象句柄。

（4）在 MATLAB 中还提供了函数 findobj, 应用对象的属性值来搜索符合要求的对象句柄, 该函数的调用格式为:

① h=findobj; 返回系统的 root 对象和所有的子对象句柄;

② h=findobj('PropertyName',PropertyValue,...);

③ h=findobj(objhandles,...);

④ h=findobj(objhandles, 'flat ', 'PropertyName ',PropertyValue,...)。

为了方便用户控制图形对象, 及时释放不需要的对象, 以获得足够的内存, MATLAB 还提供了几种方法删除图形对象句柄。

（1）delete 函数。

delete(h)删除指定句柄 h 的对象。

（2）清除指令。

① clf　　　　　　　清除当前窗口对象中所有子对象；

② clf reset　　　　　清除当前窗口中包含的所有图形对象；

③ cla　　　　　　　清除当前轴对象中所有子对象；

④ cla reset　　　　　清除当前轴对象中包含的所有图形对象；

⑤ close　　　　　　关闭当前窗口对象；

⑥ close（h）　　　　关闭指定句柄 h 的窗口对象；

⑦ close name　　　　关闭由 name 指定的窗口对象；

⑧ close all　　　　　关闭所有没有隐藏的窗口对象；

⑨ close all hidden　　关闭所有隐藏的窗口对象；

⑩ closereq　　　　　删除当前窗口对象。

8.2.3　图形对象属性值的设置与获取

一个漂亮的图形界面对一个良好的程序是至关重要的，在 MATLAB 中，通过图形对象属性值的设置可以美化界面。设置图形对象的属性主要有以下几种方式。

1. 通过图形对象创建函数设置

（1）handle=graphic_creat_command(...,'PropertyName',PropertyValue,...)

（2）handle=graphic_creat_command(...,PropertyStructure)

graphic_creat_command 表示所有合法的图形对象创建函数，handle 为返回的图形对象句柄，'PropertyName '为属性名，PropertyValue 为属性值，属性名与属性值必须成对出现，它们被称之为属性对，对于属性对的数目没有限制。PropertyStructure 为属性结构数组。

2. 通过 set 函数设置

set 函数是最常用的图形对象属性设置命令，该函数的调用格式如下：

（1）set(H,'PropertyName','PropertyValue',...)；设置句柄 H 的图形对象的属性名为 PropertyName 的属性值为 PropertyValue。H 也可以是句柄向量，这时 set 函数可以设置所有句柄对象的属性值。

（2）set(H,a)；用指定的属性值设置句柄 H 的对象属性，其中 a 为以结构数组，数组域名为对象的属性名，域名值为相应属性的属性值。

（3）set(H,pn,pv)；由句柄 H 指定的所有对象中指定的元胞数组属性名 pn 设置为相应的元胞数组属性值 pv。

（4）a=aet(h)；返回句柄 h 中用户所有可以设置的属性名及其可能的属性值，输出参量 a 为结构数组。

（5）a=set(0, 'Factory ')；返回用户可以设置缺省值的所有对象的属性名，同时显示可能的属性值。

（6）a=set(0, 'FactoryObjectTypePropertyName')；返回指定根对象（0）类型中指定的属性名 ObjectTypePropertyName 的所有可能的属性值。注意，输入参量是由固定的关键字 Factory、对象类型与属性名组成，如：FactoryAxesPosition。

（7）a=set(0, 'Default ')；返回句柄 H 对象的缺省设置。

（8）a=set(0, 'DefaultObjectTypePropertyName ')；返回指定对象 h 的类型中指定的属性名 ObjectTypePropertyName 的所有可能的属性值。注意，输入参量是由固定的关键字 Default、对象类型与属性名组成，如：DefaultAxesPosition。

3. 为配合 set 函数的使用，还提供了函数 reset 对所有缺省值进行设置

reset(h)：表示把句柄 h 对象的所有属性值都重新设置为默认值。

★★注意：

reset(gcf)、reset(gca)无法把属性 Position、Units、PaperPosition 和 PaperUnits 重新设置为缺省值。

【例 8.2】图形对象属性设置示例，绘制 peaks 图形，然后通过属性设置，对图形中的线条宽度和文本字体进行修改。

新建 M 文件：

```
h=figure(1);
plot(peaks(2));
text(5,6,'peaks(2）');
han=figure(2);
plot(peaks(2));
h1=text(5,6,'peaks(2）'); %h1 返回文本的句柄
h2=findobj(han,'Type','line');%获取绘图的线条句柄
%重新设置属性值
set(h2,'LineWidth',10);
set(h1,[{'FontName'},{'FontSize'}],[{'隶书'},{13}]);
```

运行结果如图 8.5 所示，其中图（a）为默认属性值的图形，图（b）为属性设置后的图形。

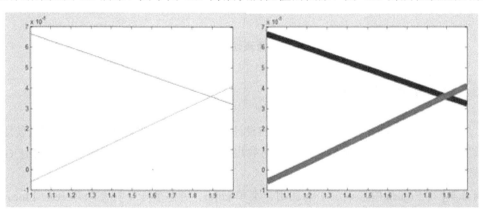

（a）默认属性值的图形　　　　　　　　（b）属性设置后的图形

图 8.5　图形对象属性设置示例

在 GUI 设计中，图形对象属性值的获取由函数 get 实现，它的调用格式为：

（1）get(h)；返回图形对象 h 的所有属性和它们的当前值。

（2）get(h, 'ProPertyName ')；返回图形对象 h 指定的属性 ProPertyName 的属性值。

（3）a=get(h)；返回当前对象 h 关联的属性名及属性值的结构。

（4）a=get(0, 'Factory')；返回用户设定属性的 Factory 定义值，a 是一个包含属性名和属性值的结构数组。

（5）a=get(0,'FactoryObjectTypePropertyName ')；返回指定对象类型属性名的设定值。

（6）a=get(0, 'Default ')；返回当前对象 h 的所有缺省值。

（7）a=get(0, 'Default ObjectTypePropertyName ')；返回对象类型指定属性名的设定值。

【例 8.3】获取对象属性名的属性值。

新建 M 文件：

```
%创建几个默认的对象
text;
surface;
%定义属性名数组
proper_name={'Type','HandleVisibility','Interruptible'};
%获取创建对象的子对象的句柄
handl=get(gca,'Children');
%获取数组中属性名的属性值
value=get(handl,proper_name);
%在命令窗口中显示输出
disp(value)
```

在 MATLAB 命令窗口中显示出程序结果如图 8.6 所示。

图 8.6　获取对象属性名的属性值示例

8.3　脚本文件设计 GUI

经过前面各小节的学习，应该对 GUI 的设计不再陌生。其实前几节的例题都是使用的脚本文件设计的 GUI 图形用户界面，本节将列举几个详细的例题，对应用脚本文件设计 GUI 进行更细致、更详尽的学习。

【例 8.4】在 Figure 图形菜单中添加用户菜单 color，并包含子下拉菜单项 red、blue，另外设置键盘 R 为下拉菜单 red 的快捷键，键盘 L 为下拉菜单 blue 的快捷键。

新建 M 文件：

```
figure;
%添加用户菜单 color
hmenu=uimenu(gcf,'Label','&Color');
%建立下拉菜单 red,并设置快捷键 R
```

hsubmen_r=uimenu(hmenu,'Label','red','Callback','set(gcf,"color","red")','Accelerator','r');

%%建立下拉菜单 blue,并设置快捷键 L

hsubmenu_b=uimenu(hmenu,'Label','blue','Callback','set(gcf,"Color","blue")');

★★注意：

在 Label 属性中可以定义菜单快捷键，如菜单 color，在字符"C"前面加上符号"&"，即表示按键 C 为 color 菜单的快捷键，使用快捷键的方法是"Alt+C"，当然符号&也可以加在其他符号前面，如"co & lor"。另一种建立快捷键的方法是使用属性 Accelerator，如例题中语句：'Accelerator','r'，表示按键 r 为 red 菜单的快捷键，使用快捷键的方法是"Crtol+R"。但是需要注意使用字符&无法给菜单项中的子菜单设置快捷键，Accelerator 属性无法给顶层菜单定义快捷键。

运行结果如图 8.7 所示。

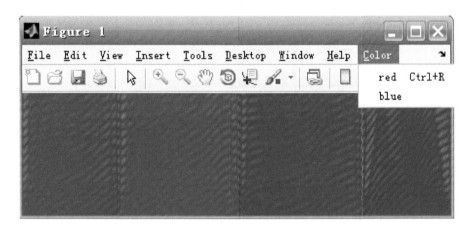

图 8.7　添加菜单并设置快捷键

【例 8.5】绘制线段并且给该线段关联一个快捷菜单。

新建 M 文件：

```
%定义一个快捷菜单
my_menu=uicontextmenu;
%绘制线段，并关联快捷菜单
h1=plot(1:20,1:20,'UIContextMenu',my_menu);
%定义快捷菜单项
menu1=uimenu(my_menu,'Label','点型');
menu11=uimenu(menu1,'Label','dash','Callback','set(h1,"linestyle","--")');
menu12=uimcnu(menu1,'Label','dot','Callback','set(h1,"linestyle",":")');
menu2=uimenu(my_menu,'Label','颜色');
menu21=uimenu(menu2,'Label','red','Callback','set(h1,"color","r")');
menu22=uimenu(menu2,'Label','blue','Callback','set(h1,"color","b")');
```

运行结果如图 8.8 所示。

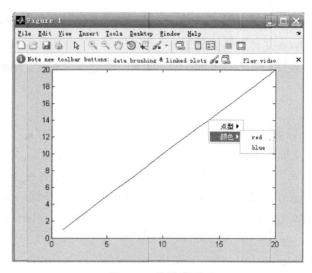

图 8.8　快捷菜单

在图示中的直线上单击右键，则会弹出设置的快捷菜单，点击"点型"中的"dot"选项，结果图 8.9 所示。

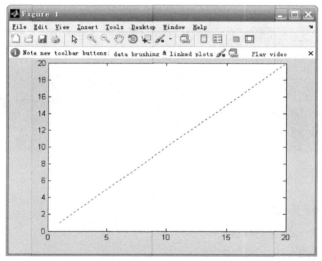

图 8.9　选择线型"dot"

【例 8.6】菜单外观设计示例：添加菜单 option，并将其置于第 1 菜单项，同时将下拉菜单用分割线分为三个菜单区。

新建 M 文件：

```
figure
%添加菜单
h_menu=uimenu('label','Option','Position',1);
h_sub1=uimenu(h_menu,'label','grid on','callback','grid on');
h_sub2=uimenu(h_menu,'label','grid off','callback','grid off');
%添加子菜单并在子菜单上面设置分割线
h_sub3=uimenu(h_menu,'label','box on','callback','box on',...
```

```
    'separator','on');
h_sub4=uimenu(h_menu,'label','box off','callback','box off');
%添加子菜单并在子菜单上面设置分割线
h_sub5=uimenu(h_menu,'label','Figure Color','Separator','on');
h_subsub1=uimenu(h_sub5,'label','Red','ForeGroundColor','r',...
    'callback','set(gcf,"Color","r")');
h_subsub2=uimenu(h_sub5,'label','Reset',...
    'callback','set(gcf,"Color","w")');
```

运行结果如图 8.10 所示。

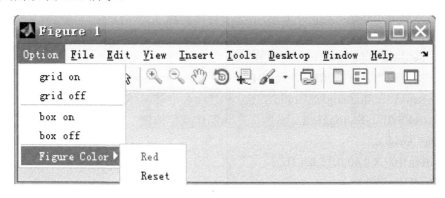

图 8.10   菜单外观设计

【例 8.7】使用脚本文件设计控件操作界面，可以改变标题的字体，同时通过按键可在图中添加网格。

新建 M 文件：

```
clf reset
set(gcf,'menubar','none')
set(gcf,'unit','normalized','position',[0.2,0.2,0.64,0.32]);
set(gcf,'defaultuicontrolunits','normalized')        %设置用户缺省控件单位属性值
h_axes=axes('position',[0.05,0.2,0.6,0.6]);
t=0:pi/50:2*pi;y=sin(t);plot(t,y);
set(h_axes,'xlim',[0,2*pi]);
set(gcf,'defaultuicontrolhorizontal','left');
htitle=title('正弦曲线');
set(gcf,'defaultuicontrolfontsize',12);              %设置用户缺省控件
uicontrol('style','frame',...                        %创建用户控件区
    'position',[0.68,0.55,0.25,0.25]);
uicontrol('style','text',...                         %创建静态文本框
    'string','正斜体图名:',...
    'position',[0.68,0.88,0.18,0.1],...
    'horizontal','left');
hr1=uicontrol(gcf,'style','radio',...                %创建"无线电"选择按键
```

```
            'string','正体',...
            'position',[0.8,0.69,0.15,0.08]);            %按键位置
set(hr1,'value',get(hr1,'Max'));                        %因图名缺省使用正体，所以小圆圈应被点黑
set(hr1,'callback',[...
            'set(hr1,"value",get(hr1,"max")),',...      %选中将小圆圈点黑
            'set(hr2,"value",get(hr2,"min")),',...      %将"互斥"选项点白
            'set(htitle,"fontangle","normal")' ]);      %使图名字体正体显示
hr2=uicontrol(gcf,'style','radio',...                   %创建"无线电"选择按键
            'string','斜体',...                          %按键功能的文字标识"斜体"
            'position',[0.8,0.58,0.15,0.08],...          %按键位置
            'callback',[...
                'set(hr1,"value",get(hr1,"min")),',...
                'set(hr2,"value",get(hr2,"max")),',...
                'set(htitle,"fontangle","italic")']);   %使图名字体斜体显示
ht=uicontrol(gcf,'style','toggle',...                   %制作双位按键
            'string','Grid',...
            'position',[0.68,0.40,0.15,0.12],...
            'callback','grid');
```

运行结果如图 8.11、图 8.12 所示。

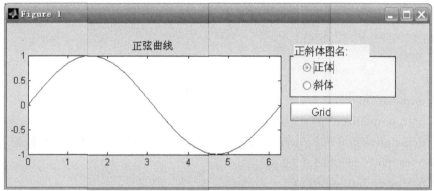

图 8.11 控件制作

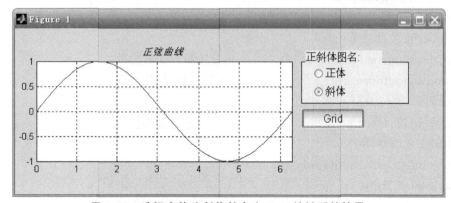

图 8.12 选择字体为斜体并点击 Grid 按键后的结果

8.4　图形用户界面工具箱 GUIDE 的使用

为了方便用户制作图形界面，MATLAB 提供了一个交互式的设计工具 GUIDE。GUIDE 是一套 MATLAB 工具集，它由版面设计工具、属性编辑器、菜单编辑器、调整工具、对象浏览器、TAB 次序编辑器组成。使用 GUIDE 工具箱设计 GUI，用户只需要将所需要的组件对象拖放到 GUI 版面设计区中，然后编写代码使各个按键被激活时实现应有的功能。

8.4.1　GUIDE 工具箱

在 MATLAB 命令窗口中输入 guide 命令，就会打开如图 8.13 所示的 GUIDE 模板设计界面。图中 Creat New GUI 包含了四种初始化了的设计模板界面，Black GUI 创建一个空白的 GUI；GUI with Uicontrols 创建一个带有控件组件的 GUI；GUI with Axes and Menu 创建一个带有轴对象和菜单的 GUI；Modal Question Dialog 创建一个对话框。Open Existing GUI 打开已保存的 GUI 界面。

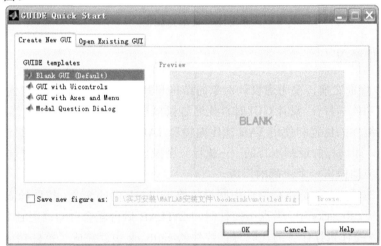

图 8.13　GUI 设计模板界面

在前面几节中，可以通过命令语句设置控件对象的属性，同样 GUIDE 中提供了属性编辑器，在属性编辑器里用户可以方便地修改任何一个对象的属性。首先通过鼠标点击选中需要修改属性的图形对象，然后点击菜单 View 下的 Property Inspector，就打开了选中对象的属性编辑器，如图 8.14 所示。

图 8.14　属性编辑器

在菜单编辑器 Menu Edit 中可以编辑两种菜单：菜单条菜单（Uimenu 对象）和快捷菜单（Uicontextmenu 对象）。点击菜单 Tool 下的 Menu Edior 就可打开如图 8.15 所示的菜单编辑器。在菜单编辑器的工具栏中可以直接创建菜单，在右边的属性编辑区里可以直接修改对应菜单的标签和回调函数等。

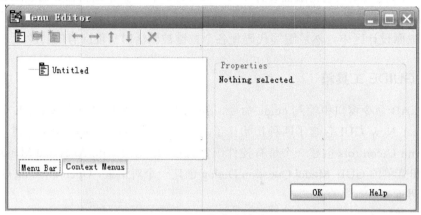

图 8.15　菜单编辑器

8.4.2　GUI 实现

在设计 GUI 界面之前，要考虑设计对象的结构和开发流程，使设计的界面简洁、直接、清晰地反应界面功能和特征。设计 GUI 时首先通过鼠标拖拉完成组件的添加，然后使用 GUIDE 的特征工具调整组件的位置和使用 TAB 次序编辑器 TAB 次序，接下来就是组件属性的设置，最后也是重要的，即编程的最基本目的——执行一个操作，如点击按钮，选择选项或滑动滑条等，程序都会相应地做出一个正确的反应。

激活控件时的反应，就是执行控件中回调函数 callback 中的命令。控件的 callback 位于菜单 View 下的 view callbacks 中。当点击控件时，MATLAB 后台就会自动调用它名下的 callback 函数，所以只要将控件执行任务的代码写在控件的 callback 中就完成了控件功能的设计，如图 8.16 所示。

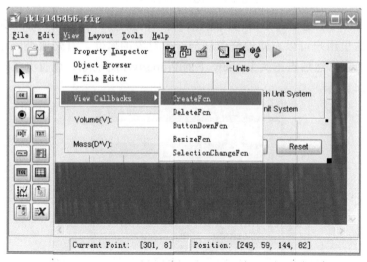

图 8.16　控件回调函数

图中：

✧ ButtonDownFcn：鼠标在控件上面点击一下，放在该函数名下的代码就会执行；

✧ CreatFcn：在生成的控件显示之前，执行该函数名下的代码；

✧ DeleteFcn：在删除控件之前，执行该函数名下的代码，如显示"确定要退出吗？"；

✧ KeyPressFcn：当前控件获得焦点（获得焦点即是当前控件处于选中状态）且有按键按下时，执行该函数名下的代码；

✧ SelectionChangeFcn：在群按钮组件中，改变选择时，该函数名下的代码执行。

下面给出几个常用控件代码的框架，从中可以更加有效地理解回调函数的形式以及如何编辑。

（1）Toggle Button。

打开 GUI 设计面板中的菜单 File/preference/GUIDE，如图 8.17 所示，图中右边的"Show toolbar"前面的方块可以勾选也可以不勾选，这类的控件就称为 Toggle Button，当它勾选时，它的值为 Max，否则为 min。

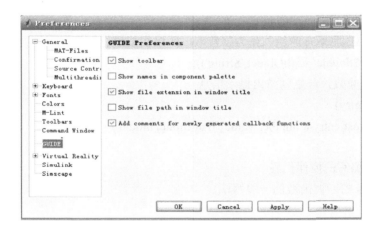

图 8.17 Toggle Button 控件图示

Toggle Button 的回调函数的一般写法：

```
functon   togglebutton_callback(hObject,eventdata,handles)
%以下是一般代码
button_state = get(hObject,'Value')
%button_state 由用户定义的变量名，存放按钮的选择状态
%控件 A 的 callback 下面的 hObject 就为控件 A，
%同理控件 B 的 callback 下的 hObject 就为控件 B
if button_state==get(hObject,'Max')
%用户编写
else if button_state==get(hObject,'Min')
%用户编写
end
```

★★注意：

如果 buttonA 是放在一个 buttonGroup 里面，则 buttonA 的 callback 下的代码就要转移到 buttonGroup 下面。因为在调用 buttonGroup 的回调函数时会覆盖它的成员的回调函数。

（2）Radio Buttons 与 Check Boxes 的回调函数的一般写法。

```
function …
if(get(hObject,'Value')==get(hObject,'Max'))
%被选中了，则执行的代码
else
%未被选中，执行的代码
end
```

（3）Edit Text 的回调函数的一般写法。

```
function edit_Callback(hObject,eventdata,handles)
%获取输入的字符串
user_string = get(hObject,'String');
%由于 MATLAB 将所有的输入作为字符串，所以需要进行数据类型转换
user_entry= str2double(get(hObject,'String'));
%判断是否为非数，若是则弹出提示信息
if isnan(user_entry)
errodlg('You must entry a number value','Bad Input','modal')
end
%以下为用户编写的控件代码
```

（4）List Boxes 的回调函数的一般写法。

```
function …
% listbox1 为控件的 tag 名字
index = get(handles.listbox1,'Value');
%获取 listBoxes 的列表
file_list =get(handles.listbox1,'String');
%得到所选择的项目名
file_name = file_list{index};
%以下为用户编写的控件代码
```

（5）Pop_up Menu 的回调函数的一般写法。

```
function …
val=get(hObject,'Value')
Switch   val
case 1
%用户编写
case 2
%用户编写
```

```
default
%用户编写
end
```

（6）Button Groups 的回调函数的一般写法。

```
function…
switch get(hObject, 'Tag' );
%注意此处的 hObject 并不是指这个 BUtton Group,而是指在组里面，被选中的那个控件
case 'radio button1'    %按钮 radio button1 的 tag
%用户编写
case '按钮 2 的 tag'
%用户编写
end
```

（7）Axes。

Axes 用来画图，并不算是严格意义上的控件，可以将它当作一块画布。若要当用户在它的区域上点击或者移动鼠标时，执行一定的代码，那就添加相应的 callback 函数。但是它的回调函数代码一般都是写在别的控件的回调函数下面，如：

```
axes(handles.youraxesname);%选择一个 axes
%下面为用户编写的绘图代码，绘制的图形就显示在 Axes 上面
plot(x,y);
%设置属性
set(handles.youraxesname,'XMimrFrick','on');
%显示网格
grid on;
```

【例 8.8】参考 MATLAB 自带的演示程序：Creating a GUI with GUIDE

位置在 help-Demos-MATLAB-Creating Graphic User Interface。

第 9 章　MATLAB 在信号处理中的应用

本章重点

本章通过介绍实际工程案例的解决方法，引入 MATLAB 在信号处理中的应用，掌握好本章对于解决实际问题有一定的指导意义。

（1）MATLAB 在时域信号处理中的应用；

（2）MATLAB 在频域信号处理中的应用。

9.1　MATLAB 在时域信号处理中的应用

9.1.1　数据插值

【例 9.1】插值在车轮外形曲线检测中的应用。

（1）车轮曲线特点：多段圆弧状曲线拼接而成，如图 9.1 所示。

（2）基本原理：磁爬式，如图 9.2 所示。

（3）系统组成为（见图 9.3 系统实物图）：

➤　两个旋转编码器；

➤　磁性小球；

➤　机械支架。

图 9.1　车轮实物图

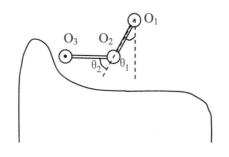

图 9.2　系统原理图

图 9.3　系统实物图

（4）存在问题：测量曲线采集点数有限，不能精细绘制曲线。

（5）解决办法：通过插值，精细绘制曲线。

程序如下：

```
clear;clc
x0=[-24.448 -23.986 -21.471 -18.999 -16.492 -14.011 -11.404 -9.0002 -6.5047 -4.006
-1.4998 0.9917   3.486    5.9918   8.5027   10.997   13.496   15.78    18.506   20.99
23.488   25.999   28.489   31.003   35.985   41.003   46.003   50.996   55.992   60.993
65.994   71.007   75.989   80.988   85.996   90.994   95.998   101.01   105.99   110.99
115.99   120.99   126.01   130.9959];
y0=[-30.698 -28.982 -12.137 -5.3614 -0.70049 2.2892 4.4713   5.798    6.917 7.6021 7.9409
7.9805    7.6934    7.0777    6.1004    4.7202    2.9432    1.6839 -2.2099 -6.2245 -12.468
-16.974 -18.22   -18.891 -20.006 -20.83    -21.382 -21.774 -22.116 -22.4     -22.642 -22.826
-22.97    -23.054 -23.138 -23.324 -23.614 -24.023 -24.546 -25.168 -25.786 -26.413 -30.294
-40.301];
figure(1);plot(x0,y0);grid on;
xc=-24:0.2:131;
yc=spline(x0,y0,xc);
M=(131+24)/0.2+1;
figure(2);plot(xc,yc);grid on;
```

原始数据图 9.4 和插值后数数据图 9.5 比较，看起来两图似乎没有什么变化，但是我们放大局部就可以看得非常清楚，以放大最高顶点为例，如图 9.6 和 9.7 所示，曲线的光滑程度不同。

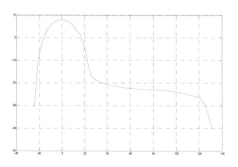
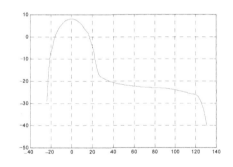

图 9.4　原始数据图　　　　　　　　　　　图 9.5　插值后数据图

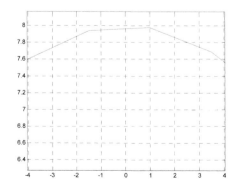
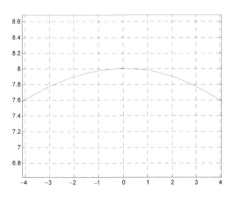

图 9.6　原始顶点局部放大图　　　　　　　图 9.7　插值后顶点局部放大图

9.1.2 曲线拟合

【例 9.2】高次多项式拟合应用：受电弓工作位接触压力检测系统。

电力机车如图 9.8，它属于非自给性牵引方式，即它的动力不是由自身提供的，而是靠外界提供的。对于电力机车而言，它的动力是靠头顶上方的接触网提供的，如图 9.8。而将接触网电源取下来送进机车的中间环节即是受电弓（像手臂一样）。因为受电弓肩负着提供动力的作用，所以受电弓和接触网之间的接触状态需要严格保证，即需要检测二者之间的接触压力。接触压力过大，摩擦力过大，导致接触网和受电弓容易受到磨损。接触压力过小，在高速运行条件下会产生"离线"（脱离导线）、高压放电、烧毁接触网和受电弓。

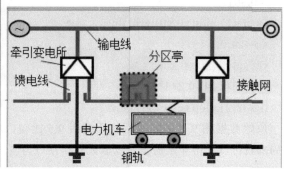

图 9.8　电力机车　　　　　　　　图 9.9　接触网供电示意图

因此利用一种杠杆原理（力传递方式），如图 9.9，将高压侧的受电弓和接触网的接触压力传递到低压侧，在测量区间呈抛物线分布，根据采集到的散点图，利用曲线拟合进行求解。

程序如下：

```
clear;clc;
data=importdata('data.txt');%导入数据
f=6000;
[m,n]=size(data);
t=0:1/f:(m/f-1/f);
t=t';
plot(t,data);
p=polyfit(t,data,6);%进行 6 次拟合
y=polyval(p,t);
hold on;plot(t,y,'r');grid on;
```

从图 9.10 可以看出，程序中利用了 6 次拟合将散点数据进行求解，得到圆滑的拟合曲线。再利用拟合后对应电压—压力关系，以及加入力传递损耗和其他补偿，即可得到解除压力真实值如图 9.11 所示。

图 9.10　系统实物图

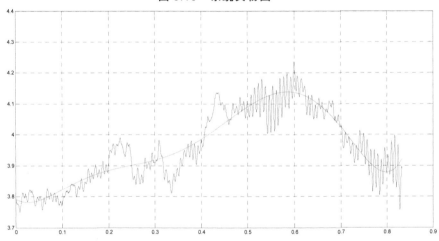

图 9.11　接触压力拟合效果

9.2　MATLAB 在频域信号处理中的应用

【例 9.3】利用加速度测量车轮踏面擦伤。

背景资料：

（1）擦伤定义。

车轮擦伤是由车轮发生滑行造成的，车轮滑行时车轮踏面与钢轨接触的那部分成了固定的磨擦面，它与钢轨持续摩擦而使车轮踏面上发生局部平面磨耗，形成擦伤。

（2）擦伤的危害。

踏面擦伤超限会锤击钢轨、降低车辆运行品质，以及使车辆弹簧等零部件折损，轴承保持架裂纹或破碎，引发热轴、切轴，甚至造成列车颠覆事故。

（3）检测原理。

用振动加速度传感器捕捉车轮与钢轨之间的振动信号。如图 9.12 车轮踏面擦伤动态检测系统。

图 9.12　车轮踏面典型擦伤

· 存在问题：振动信号纷繁复杂，需要尽可能屏蔽干扰信号。如图 9.13 所示。

· 解决办法：从人们长久的经验而言，擦伤造成的振动信号频率在 2 000 Hz 以下，因此利用 fft 变换先观察频谱范围，如图 9.14。利用低通滤波器去除 2 000 Hz 以上信号，为后续提取振动信号提供尽可能的简便，减少干扰，如图 9.15 所示。

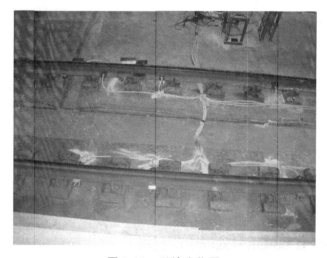

图 9.13　系统实物图

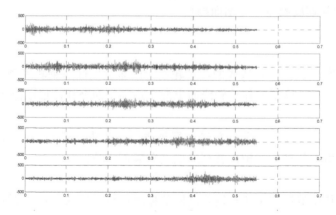

图 9.14　原始波形图

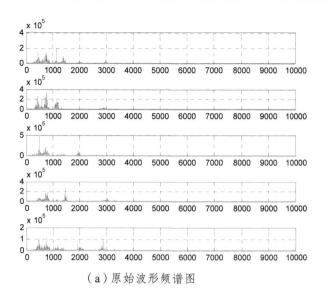
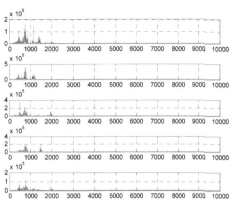

（a）原始波形频谱图　　　　　　　　　（b）滤波之后频谱图：（2 000 Hz 以下通过）

图 9.15　利用低通滤波器改变振动信号

后续利用进一步算法可得到最终的擦伤振动信号，如图 9.16，上面为左侧 5 只传感器，下面为右侧 5 只传感器，上下第一个和第五个波形图为辅助判断波形图，而中间三个为检测波形图，从图中可以看出，左侧有一个振动擦伤信号，在中间三个传感器都有体现，右侧无擦伤信号。

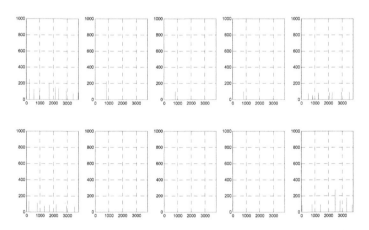

图 9.16　最终擦伤波形图（中间三个图代表擦伤信号，上面存在一个擦伤）

第 10 章　MATLAB 在图像处理中的应用

本章重点

图像处理在各个学科领域都具有重要地位。本章主要讲述了图像处理的基本概念、图像增强技术以及图像的复原和重建。图像增强技术又可分为空间域技术和频率域技术。重点如下：

（1）空间域技术中基本灰度变换，直方图运算，空间域滤波技术；

（2）图像离散傅里叶变换；

（3）频率域中的各种高通、低通滤波器；

（4）图像退化的原因及复原重建方法。

10.1　数字图像处理基础

10.1.1　数字图像处理概述

（1）数字图像（digital image）又称数码图像或数位图像是二维图像用有限数字数值像素的表示，如图 10.1 所示。数字图像是由模拟图像数字化得到的、以像素为基本元素的、可以用数字计算机或数字电路存储和处理的图像。

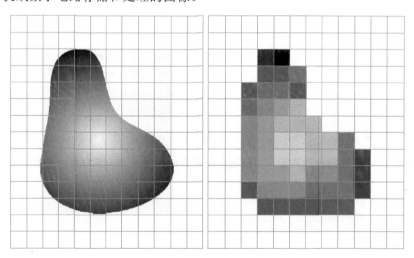

图 10.1　图像示例一

（2）像素（或像元，Pixel）是数字图像的基本元素，像素是在模拟图像数字化时对连续空间进行离散化得到的，如图 10.2 所示。每个像素具有整数行（高）和列（宽）位置坐标，同时每个像素都有整数灰度值或颜色值。

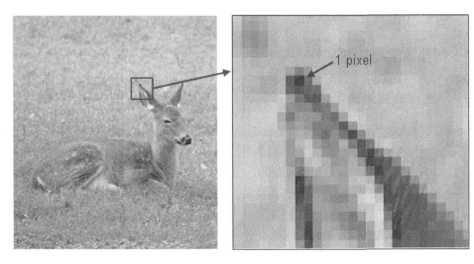

图 10.2　图像示例二

（3）数字图像处理（Digital Image Processing）是通过计算机对图像进行去除噪声、增强、复原、分割、提取特征等处理的方法和技术。其目的主要在于以下几个方面：提高图像的视感质量，如进行图像的亮度、彩色变换，增强、抑制某些成分，对图像进行几何变换等，以改善图像的质量；提取图像中所包含的某些特征或特殊信息，这些被提取的特征或信息往往为计算机分析图像提供便利；图像数据的变换、编码和压缩，以便于图像的存储和传输。

★★注意：

数字化表示数字图像是实际场景的近似。

10.1.2　数字图像处理的发展历史

数字图像处理起源于 20 世纪 20 年代，当时通过海底电缆从英国伦敦到美国纽约传输了一幅照片，采用了数字压缩技术。

到了 20 世纪 50 年代，当时的电子计算机已经发展到一定水平，人们开始利用计算机来处理图形和图像信息。首次获得实际成功应用的是美国喷气推进实验室（JPL）。他们对航天探测器徘徊者 7 号在 1964 年发回的几千张月球照片使用了图像处理技术，如用几何校正、灰度变换、去除噪声等方法进行处理，并考虑了太阳位置和月球环境的影响，由计算机成功地绘制出月球表面地图，获得了巨大的成功。

1972 年英国 EMI 公司工程师 Housfield 发明了用于头颅诊断的 X 射线计算机断层摄影装置，也就是我们通常所说的 CT（Computer Tomograph）。CT 的基本方法是根据人的头部截面的投影，经计算机处理来重建截面图像，称为图像重建。1975 年 EMI 公司又成功研制出全身用的 CT 装置，获得了人体各个部位鲜明清晰的断层图像。1979 年，这项无损伤诊断技术获得了诺贝尔奖，说明它对人类作出了划时代的贡献。

20 世纪 80 年代至今图像处理技术在许多应用领域受到广泛重视并取得了重大的开拓性成就，属于这些领域的有航空航天、生物医学工程、工业检测、机器人视觉、公安司法、军事制导、文化艺术等，使图像处理成为一门引人注目、前景远大的新型学科。

10.2 图像数字化基础

10.2.1 光和电磁波谱

光是一种能被人眼所感知的特殊的电磁波。依照波长的长短以及波源的不同，电磁波谱（见图 10.3）所示可大致分为：

无线电波——波长从几千米到 0.3 米左右，一般的电视和无线电广播的波段就是用这种波。

微波——波长从 0.3 米到 10^{-3} 米，这些波多用在雷达或其他通迅系统。

红外线——波长从 10^{-3} 米到 7.8×10^{-7} 米；红外线的热效应特别显著。

可见光——这是人们所能感光的极狭窄的一个波段。可见光的波长范围很窄，大约在 7 600～4 000（在光谱学中常采用埃作长度单位来表示波长，1 埃＝10^{-8} 厘米）、从可见光向两边扩展，波长比它长的称为红外线，波长大约从 7 600 直到十分之几毫米。波长从（78～3.8）$\times10^{-6}$ 厘米。光是原子或分子内的电子运动状态改变时所发出的电磁波。它是我们能够直接感受而察觉的电磁波极少的那一部分。

紫外线——波长比可见光短的称为紫外线，它的波长从 3×10^{-7} 米到 6×10^{-10} 米，它有显著的化学效应和荧光效应。这种波产生的原因和光波类似，常常在放电时发出。由于它的能量和一般化学反应所牵涉的能量大小相当，因此紫外光的化学效应最强；红外线和紫外线都是人类看不见的，只能利用特殊的仪器来探测。无论是可见光、红外线或紫外线，它们都是由原子或分子等微观客体激发的。近年来，一方面由于超短波无线电技术的发展，无线电波的范围不断朝波长更短的方向发展；另一方面由于红外技术的发展，红外线的范围不断朝波长更长的方向扩展。日前超短波和红外线的分界已不存在，其范围有一定的重叠。

伦琴射线——这部分电磁波谱，波长从 2×10^{-9} 米到 6×10^{-12} 米。伦琴射线（X 射线）是电原子的内层电子由一个能态跳至另一个能态时或电子在原子核电场内减速时所发出的；X 射线，它是由原子中的内层电子发射的，其波长范围约在 10^{2}～10^{-2} 米。随着 X 射线技术的发展，它的波长范围也不断朝着两个方向扩展。目前在长波段已与紫外线有所重叠，短波段已进入 γ 射线领域。放射性辐射 γ 射线的波长是从 1 左右直到无穷短的波长。

γ 射线——是波长从 10^{-10}～10^{-14} 米的电磁波。这种不可见的电磁波是从原子核内发出来的，放射性物质或原子核反应中常有这种辐射伴随着发出。γ 射线的穿透力很强，对生物的破坏力很大。

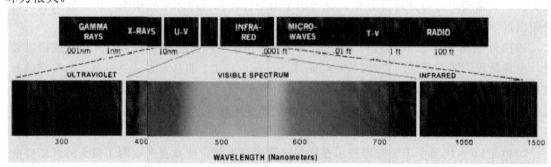

图 10.3 电磁波谱

日常生活中，人眼能够感知可见光。我们感知的颜色是由光经过物体反射后的特性所决定的，如图 10.4 所示，如果一束白光投射到绿色的物体上，大部分波上的光都被吸收了，只有绿色的光被反射。

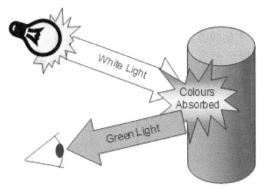

图 10.4　反射示例

10.2.2　图像数字化

数字化（digitizing）是将一幅图像从原来的形式转换为数字形式的处理过程。"转换"是非破坏性的。数字化的逆过程是显示（display），即由一幅数字图像生成可见的图像。而扫描、采样和量化这三个步骤组成了数字化的过程，经过数字化我们得到一幅图像的数字表示，即数字图像。

10.2.2.1　扫描（scanning）

一幅数字图像是由 M 行、N 列像素所组成，每个点有一个像素值如图 10.5 所示。像素值通常以灰度值表示 0—255（黑—白），我们将会看到利用矩阵可以方便地表示图像。扫描就是对一幅图像给定位置的寻址，在扫描过程中被寻址的最小单元就是像素，对摄影图像的数字化就是对胶片上一个小小的像素点的顺序扫描。

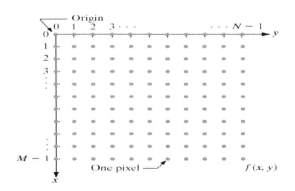

图 10.5　像素示意图

10.2.2.2　采样（sampling）

采样是指在一幅图像的每个像素位置上测量灰度值。采样通常是由一个图像传感元件完成，它将每个像素的亮度转化成与其成正比的电压值。一个数字传感器仅能够在离散能量级上测量一定限制数量的采样点。

10.2.2.3 量化（quantization）

量化是将连续模拟信号转化成数字化表示信号。由于数字计算机只能处理数字，因此必须将连续的测量值转化为离散的整数。

如图 10.6 就是一个图像数字化的过程，首先扫描图片，然后通过采样和量化得到离散的数值。

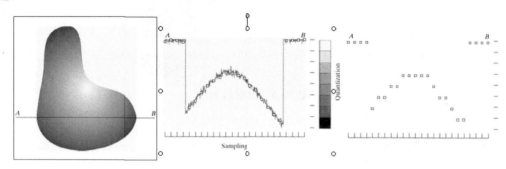

图 10.6 图像数字化过程

10.2.2.4 灰度分辨率（gray-scale resolution）

灰度分辨率是指单位幅度上包含的灰度级数，用来表示图像所用的灰度级数量。灰度级用的越多，可分辨的图像细节越精细。灰度分辨率通常以比特数量的形式来存储各灰度级别。若用 8 比特来存储一幅数字图像，其灰度级为 256。

10.2.2.5 图像的分类

（1）二值图像 (binary images)：二值图像只有黑白两种颜色，一个像素仅占 1。0 表示黑，1 表示白，或相反。

（2）亮度图像(intensity images)：在亮度图像中，像素灰度级用 8 表示，所以每个像素都是介于黑色和白色之间的 256（$2^8=256$）种灰度中的一种。

（3）索引图像(indexed images)：颜色是预先定义的（索引颜色）。索引颜色的图像最多只能显示 256 种颜色。

（4）RGB 图像(RGB images)："真彩色"是 RGB 颜色的另一种叫法。在真彩色图像中，每一个像素由红、绿和蓝三个字节组成，每个字节为 8，表示 0 到 255 之间的不同的亮度值，这三个字节组合可以产生 1 670 万种不同的颜色。

10.3 灰度变换与空间滤波基础

图像增强可以看作是一个图像失真的过程，是一种将不清晰图像变为清晰或加强某些关注特征，抑制非关注特征的图像处理方法。该方法可以改善图像质量、丰富图像信息量，加强图像判断和识别效果，满足某些特殊分析需要。

图像增强技术在广义上分为两大类，分别为空间域技术和频率域技术。空间域技术往往对图像像素进行直接操作，具有代表性的空间域算法有局部平均值法和中值滤波法。频率域技术是将图像看作为二维信号，利用二维傅里叶变换对其操作。本节主要对空间域图像增强技术进行介绍。

10.3.1　点处理

最简单的空间域运算邻域即是该像素自身。在这种状况下 T 代表灰度变换函数或点处理运算符。点处理运算形式如下：

$$s = T(r) \tag{10.1}$$

式中，s 代表处理后图像像素值；r 代表原始图像像素值。

点处理主要包括：图像反转、阈值变换、灰度变换等。

10.3.1.1　图像反转

图像反转特别适用于增强嵌入一幅图像的暗区域中的白色或灰色细节。其运算形式为：

$$s = In_{max} - r \tag{10.2}$$

In_{max} 表示图像最大像素值。

在 MATLAB 中可以调用函数 imcomplement 对图像的灰度和亮度进行反转。其调用格式为：

IM2 = imcomplement(IM)

补充说明：

（1）IM 可以是一个二值图、灰度图和 RGB 图；

（2）返回值 IM2 与 IM 的格式相同。

【例 10.1】将图 10.7 进行图像反转。

MATLAB 中运行程序为：

```
IM1=imread('d:\我的文档\MATLAB\work\图片 1.jpg');
IM2=imcomplement(IM1);              %对图像进行反转
subplot(1,2,1),imshow(IM1);
subplot(1,2,2),imshow(IM2);
```

运行结果如图 10.8 所示。

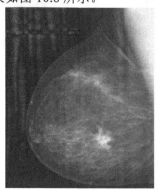

图 10.7　原始图像

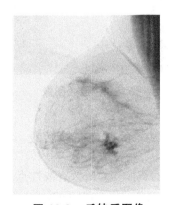

图 10.8　反转后图像

从上图可以看出，反转后图像的组织变得格外清晰。

10.3.1.2 阈值变换

阈值变换可以用于在图像背景中分离一个用户感兴趣的物理部分。运算形式为：

$$s = \begin{cases} 1.0 & r > \text{threshold} \\ 0 & r \leq \text{threshold} \end{cases} \tag{10.3}$$

threshold 为阈值。由运算形式可以看出，经过该变换后，图像会被转换成一个二值图。im2bw 函数可以实现以上运算式所示的阈值变换。调用格式为：

BW = im2bw(I, level)

BW = im2bw(X, map, level)

BW = im2bw(RGB, level)

补充说明：

（1）level 表示图像的阈值；

（2）函数输入图像矩阵可以为彩色图、灰度图以及索引图；

（3）返回图像类型为二值图。

【例 10.2】将图 10.9 进行阈值变换。

MATLAB 中运行程序为：

```
IM1=imread('d:\我的文档\MATLAB\work\图片 2.png');
IM2=im2bw(IM1,0.3);                    %对图像进行阈值变换,阈值取 0.3
subplot(1,2,1),imshow(IM1);
subplot(1,2,2),imshow(IM2);
```

运行结果如图 10.10 所示。

图 10.9　原始图像

图 10.10　变换后图像

10.3.2　基本的灰度变换函数

三种主要的灰度变换函数有线性点运算函数（nverse/Identity）、对数函数（Log/Inverse log）、幂律变换函数（n^{th} power/n^{th} root）。

10.3.2.1　线性点运算

点运算是一种像素的逐点运算，它与相邻的像素之间没有运算关系，点运算不会改变图像内像素点之间的空间位置关系。

线性点运算的灰度变换函数形式可以采用线性方程描述，如下所示：

$$s = ar + b \qquad\qquad (10.4)$$

若上式满足 $0<a<1$，$b>0$ 时，输出图像的灰度被压缩；

若上式满足 $a=1$，$b=0$ 时，输出图像的灰度不变；

若上式满足 $a>1$，$b=0$ 时，输出图像的灰度扩展，整体变亮；

若上式满足 $0<a<1$，$b=0$ 时，输出图像的灰度被压缩，整体变暗。

【例 10.3】对灰度图像进行线性变换。

MATLAB 中运行程序为：

```
IM1=imread('d:\我的文档\MATLAB\work\exam_2_2.jpg');
IM1=rgb2gray(IM1);                %将图像转换成灰度图像
%%%%%%%%%%%%%%%线性变换 1
a1=0.8;
b1=0;
JM1=a1*IM1+b1;
%%%%%%%%%%%%%%%%%%线性变换 2
a2=2;
b2=0;
JM2=a2*IM1+b2;
%%%%%%%%%%%%%%%%%%线性变换 3
a3=-1;
b3=255;
JM3=uint8(a3*double(IM1)+b3);
subplot(2,2,1);
imshow(IM1);                      %显示原图
title('原始图像')
subplot(2,2,2);
imshow(JM1);                      %显示线性变换 1 的图像
title('灰度扩展')
subplot(2,2,3);
imshow(JM2);                      %显示线性变换 2 的图像
title('灰度压缩')
subplot(2,2,4);
imshow(JM3);                      %显示线性变换 3 的图像
title('灰度反转')
```

运行结果如图 10.11 所示。

观察图 10.11 可以发现，若 $a>1$，则输出图像的对比度会增大，即图像灰度扩展；若 $0<a<1$，输出图像的对比度会减小，即图像灰度压缩；若 a 为负值，图像暗区域将会变亮，而图像的亮区域会变暗。

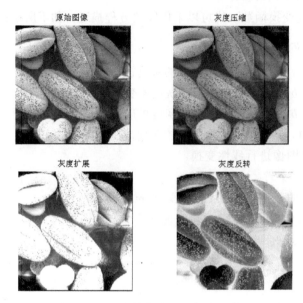

图 10.11　线性变换后的灰度图像

10.3.2.2　分段线性函数

分段线性函数可以将感兴趣的灰度范围线性扩展，相对抑制不感兴趣的灰度区域。设图像 $f(x, y)$ 的灰度范围为 $[0, Mf]$，图像 $g(x, y)$ 灰度范围为 $[0, Mg]$。分段线性函数的表达式如下：

$$g(x,y)=\begin{cases} \dfrac{M_g-d}{M_f-b}[f(x,y)-b]+d & b\leqslant f(x,y)\leqslant M_f \\[2mm] \dfrac{d-c}{b-a}[f(x,y)-a]+c & a\leqslant f(x,y)<b \\[2mm] \dfrac{c}{a}f(x,y) & 0\leqslant f(x,y)<a \end{cases} \tag{10.5}$$

根据上式可以绘制出分段线性函数的图像如图 10.12 所示。

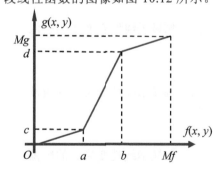

图 10.12　分段线性函数图像

【例 10.4】利用分段线性变换实现对比度拉伸。

MATLAB 中运行程序为：

```
IM1=imread('d:\我的文档\MATLAB\work\exam_2_1.jpg');
IM1=rgb2gray(IM1);                %将图像转换成灰度图像
[m,n]=size(IM1);
%%%%%%%%%%%%%%%分段线性变换
for i=1:m
    for j=1:n
        if IM1(i,j)>=0&IM1(i,j)<=90
        JM1(i,j)=double(IM1(i,j))*0.6;
        end
        if IM1(i,j)>90&IM1(i,j)<=200
        JM1(i,j)=double(IM1(i,j))*3-216;
        end
        if IM1(i,j)>200&IM1(i,j)<=255
        JM1(i,j)=double(IM1(i,j))*0.7+205.5;
        end
    end
end
JM1=uint8(JM1);
subplot(2,2,1);
imshow(IM1);                %显示原图
title('原始图像')
subplot(2,2,2);
imshow(JM1);                %显示对比度拉伸的图像
title('对比度拉伸后的图像')
```

运行结果显示如下图 10.13 所示。分段线性变换可以将对比度较差的图像进行对比度线性拉伸，突出图像重点部分。

原始图像　　　　　　　　对比度拉伸后的图像

图 10.13　分段线性函数线性拉伸后的结果图

10.3.2.3 幂律变换函数

幂律变换通常有如下形式：

$$s = cr^{\gamma} \tag{10.6}$$

通常令 $c=1$，灰度级必须在[0.0,1.0]范围。它将较窄范围的暗色输入值映射为较宽范围的亮色输出值，相反亦然。相应改变 γ 的值可以得到图像不同的对比拉伸度。

【例 10.5】对一幅河道的航拍照片进行幂律变换。

MATLAB 中运行程序为：

```
IM1=imread('d:\我的文档\MATLAB\work\图片 3.png');
r1=5;r2=4;r3=3;
JM1=im2uint8(mat2gray(double(IM1).^r1));
JM2=im2uint8(mat2gray(double(IM1).^r2));
JM3=im2uint8(mat2gray(double(IM1).^r3));
subplot(2,2,1);
imshow(IM1);                    %显示原图
subplot(2,2,2);
imshow(JM1);                    %显示对比度拉伸的图像
subplot(2,2,3);
imshow(JM2);                    %显示对比度拉伸的图像
subplot(2,2,4);
imshow(JM3);                    %显示对比度拉伸的图像
```

运行结果如图 10.14 所示。

（a）原始图像

（b）γ 取 5 的图像

（c）γ 取 4 的图像

（d）γ 取 3 的图像

图 10.14 不同 γ 下的幂律变换图

10.3.3　直方图运算

10.3.3.1　图像直方图

图像直方图展示了图像汇总不同灰度级的分布图像。直方图计算函数 imhist，用于显示灰度图像的直方图。其调用格式如下：

imhist(I)

imhist(I, n)

imhist(X, map)

[counts,x] = imhist(...)

补充说明：

（1）n 表示灰度图像的级数；

（2）counts 为灰度频次向量，x 为灰度坐标的向量。

★★注意：

函数输入参数 I 只能是灰度图像，若为彩色图像需要应用相应的转换函数进行转换。

【例 10.6】绘制不同对比度的灰度图像的直方图。

MATLAB 中运行程序为：

```
IM1=imread('d:\我的文档\MATLAB\work\exam_2_1.jpg');
IM2=imread('d:\我的文档\MATLAB\work\exam_2_2.jpg');
IM3=imread('d:\我的文档\MATLAB\work\exam_3_3.jpg');
IM1=rgb2gray(IM1);   IM2=rgb2gray(IM2); M3=rgb2gray(IM3);
subplot(3,2,1);imshow(IM1);        %显示原图 1
subplot(3,2,2);
imhist(IM1);                       %显示直方图 1
subplot(3,2,3);imshow(IM2);        %显示原图 2
subplot(3,2,4);
imhist(IM2);                       %显示直方图 2
subplot(3,2,5);
imshow(IM3);                       %显示原图 3
subplot(3,2,6);
imhist(IM3);                       %显示直方图 3
```

运行结果图如图 10.15 所示。

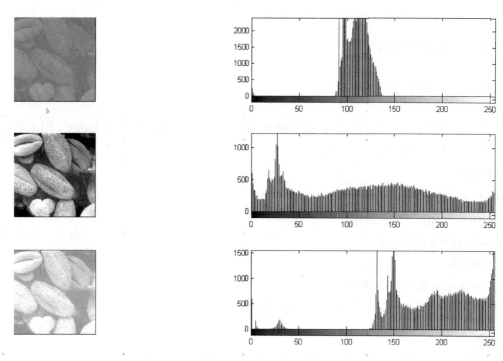

图 10.15 不同对比度的灰度图像的直方图（左为原始图像，右为直方图）

由图 10.15 可以看出，内容相同但对比度却不同的图像具有不同的直方图。通过观察图像和对应直方图可以发现，对比度最好的图像拥有最均匀空间域分布的直方图。

10.3.3.2 直方图均衡化

展开图像频率（均衡化图像）是提高图像亮度的一个简单有效方法。通过直方图均衡化将图像的灰度范围分开，动态调整图像灰度值范围，自动增加图像对比度，使图像具有较大反差，细节清晰。直方图均衡化公式如下：

$$s_k = T(r_k) = \sum_{j=1}^{k} p_r(r_j) = \sum_{j=1}^{k} \frac{n_j}{n} \tag{10.7}$$

式中，r_k 为输入灰度；s_k 为处理后灰度；k 为灰度范围（如 0.0～1.0）；n_j 表示灰度为 j 的像素个数；n 表示所有灰度像素个数。函数 histep( ) 可以实现对直方图均匀化处理，并生成处理后的新图像。调用格式如下：

J = histeq(I, hgram)

J = histeq(I, n)

[J, T] = histeq(I,...)

newmap = histeq(X, map, hgram)

newmap = histeq(X, map)

[newmap, T] = histeq(X,...)

补充说明：

（1）I 表示输入的灰度图像，J 为均匀化处理的灰度图像；

（2）f 向量为图像 I 在灰度范围 0~255 内，各灰度级出现的频次；g 向量为灰度范围；

（3）n 为图像的灰度级数。

【例 10.7】对图 10.15 中直方图进行均衡化，并比较处理前后的两个图。

MATLAB 中运行程序为：

```
IM1=imread('d:\我的文档\MATLAB\work\exam_2_1.jpg');
IM1=rgb2gray(IM1);
IM2=histeq(IM1);
subplot(1,2,1);
imshow(IM1); title('调整前图像')            %显示原图
subplot(1,2,2);
imshow(IM2);      title('调整后图像')        %显示调整后的图
figure;
subplot(1,2,1);
imhist(IM1); title('调整前直方图')          %显示调整前的直方图
subplot(1,2,2);
imhist(IM2); title('调整后直方图')          %显示调整后的直方图
```

运行结果如图 10.16、图 10.17 所示。

图 10.16　调整前后的图像

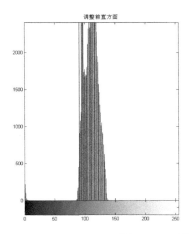
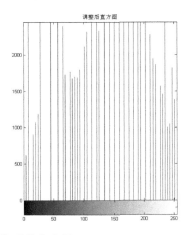

图 10.17　调整前后的直方图

由图 10.15、图 10.16 和图 10.17 可以看出直方图均衡化以后，图像亮度明显增加，直方图的分布更加均匀。

10.3.4　空间滤波基础

10.3.4.1　邻域运算

邻域运算简单地说，指像素周围临近区域像素的运算而非点运算。邻域通常是中心像素周围的矩形区域，该矩形区域可以是任意大小。

一些简单的邻域运算包括：Min 运算，即设定像素值为邻域所有像素值的最小值；Max 运算，即设定像素值为邻域所有像素值的最大值；Median 运算，即设定像素值为邻域所有像素值的中值。用信号处理的观点来看，邻域运算就是滤波。邻域运算的公式如下所示：

$$g(x,y) = \sum_{s=-a}^{a} \sum_{t=-b}^{b} w(s,t) f(x+s, y+t) \tag{10.8}$$

运算示意图如图 10.18 所示。

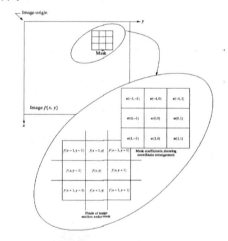

图 10.18　邻域运算示意图

利用式(10.8)和图 10.18　所示的方法对每个像素重复运算即可得到滤波后的图像。

10.3.4.2　平滑空域滤波器

最简单的空域滤波器运算即为平滑运算，其目的是消除或尽量减少噪声的影响，改善图像的质量。可采用简单地求得某个像素点中心值邻域内所有像素的平均值来代替该像素值来实现。式(10.9)和式(10.10)分别是邻域平均的矩形邻域和圆形邻域。

$$T^3 = \frac{1}{9} \begin{bmatrix} 1 & 1 & 1 \\ 1 & 1 & 1 \\ 1 & 1 & 1 \end{bmatrix} \tag{10.9}$$

$$T_C^{\,3} = \frac{1}{5} \begin{bmatrix} 0 & 1 & 0 \\ 1 & 1 & 1 \\ 0 & 1 & 0 \end{bmatrix} \tag{10.10}$$

对矩形邻域来讲，可以将其看成是一个均值滤波器，如图 10.19 所示。

$^1/_9$	$^1/_9$	$^1/_9$
$^1/_9$	$^1/_9$	$^1/_9$
$^1/_9$	$^1/_9$	$^1/_9$

图 10.19　均值滤波器

10.3.4.3　加权平滑滤波器

若对平均函数运算邻域中各像素使用不同权重，可以得到一种更为有效的平滑滤波器。对于加权平滑滤波器来讲，靠近中心像素的权重较大。图 10.20 为一个加权均值滤波器。

$^1/_{16}$	$^2/_{16}$	$^1/_{16}$
$^2/_{16}$	$^4/_{16}$	$^2/_{16}$
$^1/_{16}$	$^2/_{16}$	$^1/_{16}$

图 10.20　加权均值滤波器

在 MATLAB 中可以利用函数 imfilter 对图像进行线性滤波，调用格式：

B = imfilter(A, H)

B = imfilter(A, H, option1, option2,...)

补充说明：

（1）参数 A、B 分别表示输入、输出图像，H 表示相关的滤波器；

（2）参数 option1 表示滤波器对边界的处理方式，缺省值为 0，表示边界由 0 填充。

【例 10.8】对一图像进行均值滤波。

MATLAB 中运行程序为：

```
IM1=imread('d:\我的文档\MATLAB\work\图片 4.jpg');
IM1=imnoise(IM1,'gaussian',0,0.01);        %对图像加入高斯噪声
H1=1/9*ones(3,3);                          %3*3 的均值滤波器
H2=1/9*[1,2,1;2,4,2;1,2,1];                %3*3 的加权均值滤波器
JM1=imfilter(IM1,H1);
JM2=imfilter(IM1,H2);
subplot(1,3,1),imshow(IM1);
subplot(1,3,2),imshow(JM1);
subplot(1,3,3),imshow(JM2);
```

运行结果如图 10.21 所示。

（a）原始图像　　　　　　　　　　（b）加入高斯噪声的图像

（c）均值滤波后的图像　　　　　　（d）加权均值滤波后的图像

图 10.21　均值滤波的结果图像

由图 10.21 可以看出采用均值滤波后可以去除图像中的高斯噪声，滤波后的图像与原始图像相当接近，但图像的边缘稍微的变得模糊，只是平滑运算的缺点，而采用加权滤波后，更能突出图像的细节。

10.3.4.4　中值滤波

与加权平均方式的平滑滤波不同，中值滤波是一种非线性滤波，中值滤波用一个含有奇数点的滑动窗口，将邻域中的像素按灰度级排序，取其中间值为输出像素。

中值滤波能够在抑制随机噪声的同时不使边缘模糊。但对于线、尖顶等细节多的图像不宜采用中值滤波。

在 MATLAB 中函数 medfilt2 可以进行图像的中值滤波,调用格式为：

B = medfilt2(A, [m n])

B = medfilt2(A)

B = medfilt2(A, 'indexed', ...)

B = medfilt2(..., padopt)

补充说明：

（1）其中[m,n]定义了 m*n 的邻域（省略表示 3*3)。

（2）padopt 指定了三种可能边界填充的选项，缺省值为'zeros'；'symmetric'表示 A 按照镜像反射方式对称沿其边界扩展；'indexed'表示若 A 是 double 类，则填充 1，否则填充 0。

【例 10.9】对一加入椒盐噪声的图像进行中值滤波。

MATLAB 中运行程序为：

```
IM1=imread('d:\我的文档\MATLAB\work\图片 5.gif');
subplot(2,2,1),imshow(IM1);
```

```
IM1 = imnoise(IM1,'salt & pepper',0.02);        %对图像加入 0.02 的椒盐噪声
H1=1/9*ones(3,3);                               %3*3 的均值滤波器
JM1=imfilter(IM1,H1);
JM2=medfilt2(IM1);                              %3*3 窗口二维中值滤波
subplot(2,2,2),imshow(IM1);
subplot(2,2,3),imshow(JM1);
subplot(2,2,4),imshow(JM2);
```

运行结果如图 10.22 所示。

（a）原始图像

（b）加入椒盐噪声的图像

（c）均值滤波后的图像

（d）中值滤波后的图像

图 10.22　图像滤波结果图

由图可以看出对于椒盐噪声，中值滤波效果比均值滤波效果好。椒盐噪声随机分布在不同位置，均值不为 0，均值滤波不能很好地去除噪声点。中值滤波是选择适当的点来替代污染点值，所以处理效果较好。

10.3.4.5　锐化滤波器

锐化滤波器是基于空间微分原理构建的。对于平滑滤波器来说，其能够移除细节信息，而锐化空间滤波器可以提升图像细节，去除图像模糊，突出图像边缘。图像锐化处理的作用是使灰度反差增强，从而使模糊图像变得更加清晰。图像模糊的实质就是图像受到平均运算或积分运算，因此可以对图像进行逆运算，如微分运算以突出图像细节使图像变得更为清晰

1. 空间微分原理

空间一阶微分的公式如下：

$$\frac{\partial f}{\partial x} = f(x+1) - f(x) \tag{10.11}$$

一阶微分等于相邻值的变化，描述了函数的变化率

空间二阶微分的公式如下：

$$\frac{\partial^2 f}{\partial^2 x} = f(x+1) + f(x-1) - 2f(x) \qquad (10.12)$$

二阶微分在图像增强中比一阶微分更加重要，细节上更强烈的响应，实现简单。

2. Laplacian 滤波器

Laplacian 是一种微分算子，应用它可增强图像中灰度突变区域，减弱灰度慢变化区域。Laplacian 具有各向同性，是最简单的锐化滤波器。

Laplacian 表达式定义为：

$$\nabla^2 f = \frac{\partial^2 f}{\partial^2 x} + \frac{\partial^2 f}{\partial^2 y} \qquad (10.13)$$

X 方向上定义：

$$\frac{\partial^2 f}{\partial^2 x} = f(x+1, y) + f(x-1, y) - 2f(x, y) \qquad (10.14)$$

Y 方向上定义：

$$\frac{\partial^2 f}{\partial^2 y} = f(x, y+1) + f(x, y-1) - 2f(x, y) \qquad (10.15)$$

因此，Laplacian 算子表示如下：

$$\nabla^2 f = [f(x+1, y) + f(x-1, y) + f(x, y+1) + f(x, y-1)] - 4f(x, y) \qquad (10.16)$$

建立滤波器如图 10.23 所示。

0	1	0
1	-4	1
0	1	0

图 10.23　Laplacian 滤波器

在 MATLAB 图像处理工具箱中，提供了 Laplacian 及其它滤波器的模板生成函数 fspecial，利用它可以对指定图像进行滤波处理。其调用格式如下：

h = fspecial(type)

h = fspecial(type, parameters)

补充说明：

（1）type 表示生成的滤波器类型，如' laplacian', 'sobel', 'gaussian'等；

（2）parameters 可以表示生成滤波器的大小及形状。

【例 10.10】利用 Laplacian 锐化滤波器对图像进行锐化处理。

MATLAB 中运行程序为：

```
IM1=imread('d:\我的文档\MATLAB\work\图片 2.png');
H1=fspecial('laplacian');                          %3*3 的 laplacian 滤波器
JM1=imfilter(IM1,H1,'replicate');                  %锐化滤波的图像
JM2=IM1-JM1;                                        %最终增强图像
subplot(1,3,1),imshow(IM1);
subplot(1,3,2),imshow(JM1);
subplot(1,3,3),imshow(JM2);
```

代码运行如图 10.24 所示。

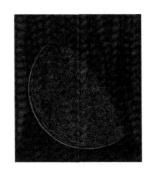

（a）原始图像　　　　　（b）Laplacian 滤波图像　　　　　（c）加强图像

图 10.24　Laplacian 滤波器锐化处理后的图像

图 10.24 中图（c）可以由图（a）减去图（b）得到，即由原始图像减去 Laplacian 滤波图像便可得到加强的图像。由此可以看出，图像模糊部分得到了锐化，锐化图像的边缘和细节变得更加清晰。

10.4　频率域滤波

10.4.1　傅里叶变换及其反变换

二维连续傅立叶变换定义为：

$$F\{f(x,y)\} = F(u,v) = \int_{-\infty}^{\infty}\int_{-\infty}^{\infty} f(x,y)\mathrm{e}^{-j2\pi(ux+vy)}\mathrm{d}x\mathrm{d}y \qquad (10.17)$$

二维傅里叶反变换定义为：

$$F^{-1}\{F(u,v)\} = f(x,y) = \int_{-\infty}^{\infty}\int_{-\infty}^{\infty} F(u,v)\mathrm{e}^{j2\pi(ux+vy)}\mathrm{d}u\mathrm{d}v \qquad (10.18)$$

这里 $f(x,y)$ 是实函数，它的连续傅里叶变换 $F(u,v)$ 通常是复函数。$F(u,v)$ 具有相应的幅值和相位。

二维离散傅里叶变换定义为

$$F(u,v) = \frac{1}{N}\sum_{x=0}^{N-1}\sum_{y=0}^{N-1} f(x)\mathrm{e}^{-j2\pi(ux+vy)/N} \qquad (10.19)$$

式中，u，v 为频率变量。二维离散傅里叶反变换定义为

$$f(x,y) = \frac{1}{N}\sum_{u=0}^{N-1}\sum_{v=0}^{N-1} F(u,v)\mathrm{e}^{j2\pi(ux+vy)/N} \qquad (10.20)$$

这里 $f(x, y)$ 是实函数，它的离散傅里叶变换 $F(u, v)$ 通常是复函数，性质与连续傅里叶变换相同。

MATLAB 中 fft2 函数可以实现二维矩阵的离散傅里叶变换。其调用格式如下：

Y = fft2(X)

Y = fft2(X,m,n)

补充说明：

（1）X 为一个二维矩阵；

（2）m,n 表示对二维矩阵截去元素或者补充 0 元素，使 X 成为 m×n 矩阵。

【例 10.11】对一个图像进行离散傅里叶变换。

MATLAB 中运行程序为：

```
IM1=imread('d:\我的文档\MATLAB\work\women.png');
IM1=rgb2gray(IM1); IM1=double(IM1);
IM1_g=fft2(IM1);                %进行离散傅里叶变换
IM1_g=fftshift(IM1_g);          %把频率 0 点移到中心
subplot(1,3,1);imshow(uint8(IM1));
subplot(1,3,2);imshow(log(1+abs(IM1_g)),[]);
subplot(1,3,3);imshow(angle(IM1_g),[]);
```

程序运行结果如图 10.25 所示。

  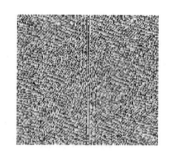

（a）原始图像　　　　　（b）幅值频谱图　　　　　（c）相位频谱图

图 10.25　图像的离散傅里叶变换图

10.4.2　图像滤波

在频率域进行图像滤波的一般步骤为：

（1）计算图像的离散傅里叶变换得到 $F(u,v)$；

（2）将 F(u,v) 与滤波器函数 H(u,v) 相乘；

（3）将相乘的结果做 DFT 反变换，便可以得到图像滤波的结果。

基本滤波模型可定义为：

$$G(u,v) = H(u,v)F(u,v) \tag{10.21}$$

$F(u,v)$ 是 Fourier 变换后结果，$H(u,v)$ 是滤波器函数。

★★注意:

利用 DFT 滤波,图像和变换都自动被看成是周期性的。而若周期关于函数的非零部分持续时间很近,则对周期函数进行卷积会导致相邻周期干扰,即折叠误差干扰。需要使用零填充函数的方法来避免。

10.4.2.1　低通滤波器

图像的能量大部分集中在幅度谱的低频和中频部分,而图像的边缘和噪声对应于高频部分,因此降低高频成分幅度的滤波器就能有效地减弱噪声影响。低通滤波器正好可以起到这个作用。低通滤波器主要分为理想低通滤波器、Butterworth 低通滤波器及 Gaussian 低通滤波器。

理想低通滤波器的传递函数:

$$H(u,v) = \begin{cases} 1 & \text{if } D(u,v) \leq D_0 \\ 0 & \text{if } D(u,v) > D_0 \end{cases} \tag{10.22}$$

式中,$D(u,v)$ 是频率点 (u,v) 与频率矩形中心的距离,具体表达式为

$$D(u,v) = \sqrt{[(u - \frac{M}{2})^2 + (v - \frac{N}{2})^2]} \tag{10.23}$$

式中,M,N 分别表示图像矩阵的行和列。

理想低通滤波器示意图如图 10.26 所示。

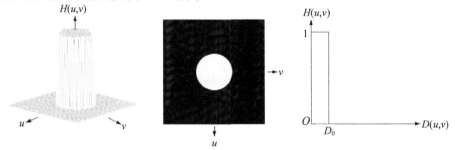

图 10.26　理想低通滤波器

n 阶 Butterworth 低通滤波器传递函数:

$$H(u,v) = \frac{1}{1 + [D(u,v)/D_0]^{2n}} \tag{10.24}$$

式中,n 为 Butterworth 低通滤波器的阶数。

n 阶 Butterworth 低通滤波器示意图如图 10.27 所示。

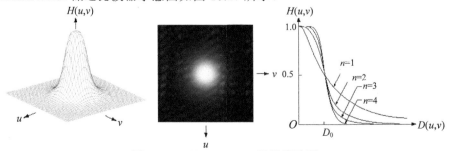

图 10.27　Butterworth 低通滤波器

Gaussian 低通滤波器传递函数为

$$H(u,v) = e^{-D^2(u,v)/2D_0^2}$$

（10.25）

Gaussian 低通滤波器示意图如图 10.28 所示。

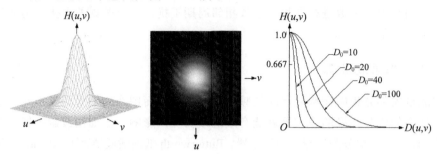

图 10.28　Gaussian 低通滤波器

【例 10.12】利用理想低通滤波器、2 阶 Butterworth 低通滤波器、Gaussian 低通滤波器对图 10.29 图像进行滤波处理。

图 10.29　原始图像

MATLAB 中运行程序为：

```
IM1=imread('d:\我的文档\MATLAB\work\图片 2.png');
IM1=rgb2gray(IM1);
IM1=double(IM1);
IM1_g=fft2(IM1);                    %进行离散傅里叶变换
IM1_g=fftshift(IM1_g);             %把频率 0 点移到中心
[M,N]=size(IM1_g);
D0=100;                            %截止半径
m=fix(M/2);
n=fix(N/2);
for i=1:M
        for j=1:N
                D=sqrt((i-m)^2+(j-n)^2);
%%%%%%%%%%%%理想低通滤波器函数
                if(D<=D0)
                H=1;
```

```
            else
                H=0;
            end
%%%%%%%%%%%%%%%%%%%
                JM1_g(i,j)=H*IM1_g(i,j);
        end
end
JM1_g=ifftshift(JM1_g);
JM1=ifft2(JM1_g);
JM2=uint8(real(JM1));
imshow(JM2)
```

以上代码主要以理想低通滤波器为例，若要实现其他两种滤波器，可以改变上述代码中的滤波器函数。2 阶 Butterworth 低通滤波器函数的 MATLAB 代码为：

H=1/(1+(D/D0)^(2*k)); %2 阶 Butterworth 低通滤波器传递函数

gaussian 低通滤波器传递函数的 MATLAB 代码为：

H=exp(-(D.^2)./(2*(D0^2)));　　%gaussian 滤波器传递函数

选取不同的 D_0，运行上述代码，可得不同滤波器在不同截止频率下图像滤波结果。采用理想低通滤波器的处理结果如图 10.30 所示。

（a）截止频率 $D_0 =20$　　　　（b）截止频率 $D_0 =50$　　　　（c）截止频率 $D_0 =100$

图 10.30　理想低通滤波器滤波结果图

采用 2 阶 Butterworth 低通滤波器的处理结果如图 10.31 所示。

（a）截止频率 $D_0 =20$　　　　（b）截止频率 $D_0 =50$　　　　（c）截止频率 $D_0 =100$

图 10.31　2 阶 Butterworth 低通滤波器滤波结果图

采用 gaussian 低通滤波器的处理结果如图 10.32 所示。

（a）截止频率 $D_0 = 20$ （b）截止频率 $D_0 = 50$ （c）截止频率 $D_0 = 100$

图 10.32　gaussian 低通滤波器滤波结果图

图 10.30、图 10.31、图 10.32 显示滤波器 D_0 的不同会导致滤波器具有不同的特性。理想低通滤波器取 $D_0 = 20$ 滤波后的图像模糊，难以分辨，振铃现象明显。而 2 阶巴特沃斯低通滤波器在相同截止频率下振铃现象并不明显。$D_0 = 100$ 滤波后的图像较为清晰，但高频分量的丢失，使得图像边缘有些模糊。高斯低通滤波器无法达到有相同截止频率的 2 阶巴特沃斯低通滤波器的平滑效果，但此时结果图像中无振铃现象产生。

10.4.2.2　高通滤波器

图像中边缘和细节与高频分量有关。高通滤波器的作用是仅让高频部分通过，低频部分截至。高频通过可以采用低频通过的相反做法，即：

$$H_{hp}(u,v) = 1 - H_{lp}(u,v) \tag{10.26}$$

理想高通滤波器的定义：

$$H(u,v) = \begin{cases} 0 & \text{if } D(u,v) \leqslant D_0 \\ 1 & \text{if } D(u,v) > D_0 \end{cases} \tag{10.27}$$

式中，D_0 为截止频率。

理想高通滤波器示意图如图 10.33 所示。

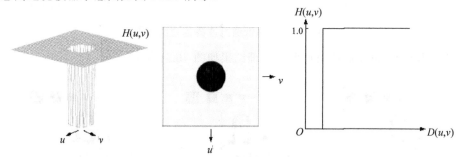

图 10.33　理想高通滤波器

Butterworth 高通滤波器定义为：

$$H(u,v) = \frac{1}{1 + [D_0 / D(u,v)]^{2n}} \tag{10.28}$$

式中，n 表示阶数，D_0 表示截止频率。

Butterworth 高通滤波器示意图如图 10.34 所示。

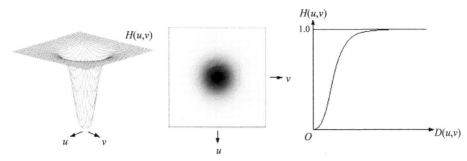

图 10.34　Butterworth 高通滤波器

Gaussian 高通滤波器定义：

$$H(u,v) = 1 - e^{-D^2(u,v)/2D_0^2} \qquad (10.29)$$

式中，D_0 表示截止频率。

Gaussian 高通滤波器示意图如图 10.35 所示。

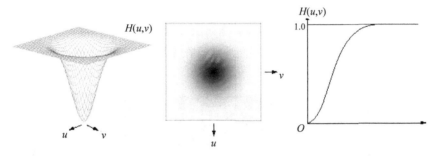

图 10.35　Gaussian 高通滤波器

【例 10.13】利用理想高通滤波器、2 阶 Butterworth 高通滤波器、Gaussian 高通滤波器对图 10.32 中的图像进行滤波处理。

MATLAB 中运行程序为：

```
IM1=imread('d:\我的文档\MATLAB\work\图片 4.png');
IM1=rgb2gray(IM1);
IM1=double(IM1);
IM1_g=fft2(IM1);                %进行离散傅里叶变换
IM1_g=fftshift(IM1_g);         %把频率 0 点移到中心
[M,N]=size(IM1_g);
D0=20;                         %截止半径
m=fix(M/2);
n=fix(N/2);
for i=1:M
        for j=1:N
                D=sqrt((i-m)^2+(j-n)^2);
                if(D<=D0)
```

```
                    H=1;
                else
                 H=0;
                end
                JM1_g(i,j)=(1-H)*IM1_g(i,j);
        end
end
JM1_g=ifftshift(JM1_g);
JM1=ifft2(JM1_g);
JM2=uint8(real(JM1));
imshow(JM2)
```

以上代码主要以理想高通滤波器为例，若要实现其他两种滤波器，可以改变上述代码中的滤波器函数。2 阶 Butterworth 高通滤波器函数的 MATLAB 代码为：

H=1-1/(1+(D/D0)^(2*k));   %2 阶 Butterworth 高通滤波器传递函数

gaussian 滤波器传递函数的 MATLAB 代码为：

H=1-exp(-(D.^2)./(2*(D0^2)));   %gaussian 高通滤波器传递函数

选取不同的 D_0，运行上述代码，可得不同滤波器在不同截止频率下图像滤波结果。采用理想高通滤波器的处理结果如图 10.36 所示。

（a）截止频率 $D_0=20$ （b）截止频率 $D_0=50$ （c）截止频率 $D_0=100$

图 10.36　理想高通滤波器滤波结果图

采用 2 阶 Butterworth 低通滤波器的处理结果如图 10.37 所示。

（a）截止频率 $D_0=20$ （b）截止频率 $D_0=50$ （c）截止频率 $D_0=100$

图 10.37　2 阶 Butterworth 高通滤波器滤波结果图

采用 gaussian 高通滤波器的处理结果如图 10.38 所示。

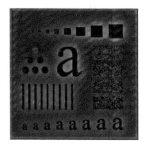

（a）截止频率 $D_0=20$　　　（b）截止频率 $D_0=50$　　　（c）截止频率 $D_0=100$

图 10.38　gaussian 高通滤波器滤波结果图

由结果图可以看出，随着截止频率 D_0 的增加图像的边缘部分更加清晰。Butterworth 高通滤波器比理想高通滤波器更加平滑，边缘失真更小。高斯高通滤波器得到的结果比前两种滤波器更为平滑，对微小的物体的过滤也比较清晰。

10.5　图像复原的概念

图像复原也称图象恢复，是图象处理中的一大类技术。所谓图像复原，是指去除或减轻在获取数字图像过程中发生的图像质量下降（退化）。这些退化包括由光学系统、运动等造成图像的模糊，以及源自电路和光度学因素的噪声。图像复原的目标是对退化的图像进行处理，使它趋向于复原成没有退化的理想图像。成像过程的每一个环节（透镜，感光片，数字化等等）都会引起退化。在进行图像复原时，既可以用连续数学，也可以用离散数学进行处理。其次，处理既可在空间域，也可在频域进行。简单地说，图像复就是原试图利用退化现象的某种先验知识来复原被退化的图像，它主要有两个特征：

（1）识别退化过程并反向处理；

（2）类似于图像增强，但是更客观。

10.5.1　图像噪声与退化模型

10.5.1.1　图像噪声

图像噪声是图像在摄取或传输时所受的随机信号干扰，是图像中妨碍人们对其信息接收的因素。很多时候图像噪声看成是多维随机过程，因而描述噪声的方法完全可以借鉴随机过程的描述。图像噪声主要来自两个方面：

（1）图像传感器容易被周围的条件所影响

（2）在传输过程中易增加干扰

10.5.1.2　图像退化模型

1. 连续退化模型

图像复原处理一定是建立在图像退化的数学模型基础上的，这个退化数学模型应该能够反映图形退化的原因，由于图像的退化因素较多，而且较为复杂，不便于逐个分析建立数学模型，所以图像处理过程中通常把退化原因作为线性系统退化的一个因素来对待，从而建立系统退化模型来近似描述图像函数的退化模型。

假设，$g(x,y)$ 代表一副退化图像，$f(\xi,\eta)$ 为原图像，退化函数可由图 10.39 描述。

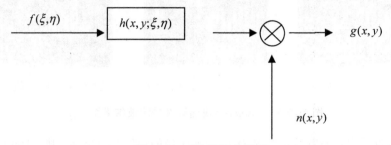

图 10.39　图像退化模型

图中 $n(x,y)$ 表示系统噪声。图 10.39 建立的图像退化模型一般表达式为

$$g(x,y) = f(x,y) * h(x,y) + n(x,y) \tag{10.30}$$

由式（10.30）可知，图像退化就是成像系统的退化加上额外的噪声形成的，根据这个模型可知，图形复原就是在退化图像的基础上已知 $n(x,y)$ 和 $h(x,y)$，然后进行反演算，得到 $f(x,y)$ 的最佳估计 $\tilde{f}(x,y)$。

2. 离散退化模型

由于数学模型都是离散形式，所以在实际应用中都采用式（10.31）的离散形式进行计算，其表达式为

$$g(x,y) = \sum_{m=0}^{M-1} \sum_{n=0}^{N-1} f(m,n)h(x-m,y-n) + n(x,y) \tag{10.31}$$

上式可写作矩阵形式

$$\boldsymbol{g} = \boldsymbol{Hf} + \boldsymbol{n} \tag{10.32}$$

其中，

$$\boldsymbol{f} = \begin{bmatrix} f(0,0) \\ f(0,1) \\ \cdots \\ f(0,N-1) \\ \cdots \\ f(M-1,0) \\ f(M-1,1) \\ \cdots \\ f(M-1,N-1) \end{bmatrix} \quad \boldsymbol{g} = \begin{bmatrix} g(0,0) \\ g(0,1) \\ \cdots \\ g(0,N-1) \\ \cdots \\ g(M-1,0) \\ g(M-1,1) \\ \cdots \\ g(M-1,N-1) \end{bmatrix} \quad \boldsymbol{n} = \begin{bmatrix} n(0,0) \\ n(0,1) \\ \cdots \\ n(0,N-1) \\ \cdots \\ n(M-1,0) \\ n(M-1,1) \\ \cdots \\ n(M-1,N-1) \end{bmatrix}$$

且

$$\boldsymbol{H} = \begin{bmatrix} \boldsymbol{H}_0 & \boldsymbol{H}_{M-1} & \boldsymbol{H}_{M-2} & \cdots & \boldsymbol{H}_1 \\ \boldsymbol{H}_1 & \boldsymbol{H}_0 & \boldsymbol{H}_{M-1} & \cdots & \boldsymbol{H}_2 \\ \cdots & \cdots & \cdots & \cdots & \cdots \\ \boldsymbol{H}_{M-1} & \boldsymbol{H}_{M-2} & \boldsymbol{H}_{M-3} & \cdots & \boldsymbol{H}_0 \end{bmatrix}$$

上式中，每个子矩阵 $\boldsymbol{H}_j$ 都由 $h(x,y)$ 的第 j 行构成。

10.5.2　图像复原

MATLAB 的图像处理工具箱包含四个图像复原函数，分别为：

（1）deconvwnr 函数：维纳滤波复原；

（2）deconvreg 函数：约束最小二乘方滤波复原；

（3）deconvlucy 函数：Lucy-Richardson 复原；

（4）deconvblind 函数：盲去卷积积分复原。

以上所有复原函数都是以一个 PSF 和模糊图像作为主要输入参数的。除了以上四种复原函数外，还可以使用 MATLAB 自定义的复原函数。

★★注意：

用户可能需要执行多次复原过程，每一次反复过程中指定的复原函数参数都要发生变化，直至根据有限的先验知识认为图像已经达到了近似真实的场景最好的效果为止。这个过程用户必须多次判断，决定新出现的特征是原始场景特征，还是由复原导致的人工痕迹。

10.5.2.1　维纳滤波复原

通过调用 DECONVWNR 函数可以利用维纳滤波法对图像进行复原处理，当图像的频率和噪声已知时，该方法效果很好，其调用格式如下：

（1）J=DECONVWNR(I,PSF,NCORR,ICORR)；

（2）J=DECONVWNR(I,PSF,NSR)。

其中，I 表示输入图像，PSF 为扩散函数，NSR、NCORR、ICORR 都是可选参数，分别表示信噪比、噪声的自相关函数、原始图像的自相关函数。输出参数 J 表示复原后图像。

【例 10.14】

```
I=checkerboard(8); noise=0.1*randn(size(I));
PSF=fspecial('motion',21,11);
Blurred=imfilter(I,PSF,'circular');
BlurredNoisy=im2uint8(Blurred+noise);
NP=abs(fftn(noise)).^2;
NPOW=sum(NP(:)/numel(noise));
NCORR=fftshift(real(ifftn(NP)));
IP=abs(fftn(I)).^2;
IPOW=sum(IP(:)/numel(noise));
ICORR=fftshift(real(ifftn(IP)));
ICORR1=ICORR(:,ceil(size(I,1)/2));
NSR=NPOW/IPOW;
subplot(131);imshow(BlurredNoisy,[]);
```

```
    title('模糊噪声图像');
    subplot(132);imshow(deconvwnr(BlurredNoisy,PSF,NSR),[]);
    title('deconbwnr(A,PSF,NSR)');
    subplot(133);imshow(deconvwnr(BlurredNoisy,PSF,NCORR,ICORR),[]);
    title('deconbwnr(A,PSF,NCORR,ICORR)')
```

得到结果如图 10.40 所示。

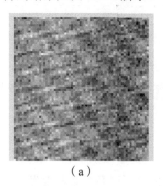 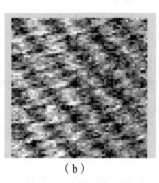 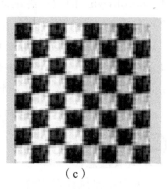

（a） （b） （c）

图 10.40 维纳滤波复原

图 10.40 中（a）、（b）、（c）分别是复原前、设置信噪比参数以及设置噪声和图像自相关函数后所得图像。

10.5.2.2 约束最小二乘方滤波复原

使用 DECONVREG 函数可以利用约束最小二乘方滤波对图像进行复原。约束最小二乘方滤波方法可以在噪声函数所知的有限的条件下很好地工作，DECONVREG 函数调用格式如下：

　　[J LRANGE]=DECONVREG(I,PSF,NP,LRANGE,RECGOP)

其中，I 为输入图像；PSF 表示点扩散函数；NP、LRANGE、RECGOP 为可选参数，分别表示图像的噪声强度、拉式算子的搜索范围和约束算子；J 为复原后所得图像；LRANGE 为最终使用的拉式算子。

【例 10.15】

```
I=checkerboard(8);
PSF=fspecial('gaussian',7,10);
V=.01;
BlurredNoisy=imnoise(imfilter(I,PSF),'gaussian',0,V);
NOISEPOWER=V*numel(I);
[J LAGRA]=deconvreg(BlurredNoisy,PSF,NOISEPOWER);
subplot(221);imshow(BlurredNoisy);
title('A=Blurred and Noisy');
subplot(222);imshow(J);
title('[J LAGRA]=deconvreg(A,PSF,NP)');
subplot(223);imshow(deconvreg(BlurredNoisy,PSF,[],LAGRA/10));
title('deconvreg(A,PSF,[],0.1*LAGRA)');
```

```
subplot(224);imshow(deconvreg(BlurredNoisy,PSF,[],LAGRA*10))
title('deconvreg(A,PSF,[],10*LAGRA');
```

得到结果如图所示：

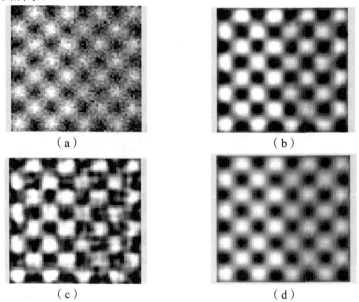

（a）　　　　　　　　　　（b）

（c）　　　　　　　　　　（d）

图 10.41　约束最小二乘方滤波复原

图 10.41（a）、（b）、（c）、（d）分别是复原前、设置信噪比参数、小范围搜索以及大范围搜索的效果图。

10.5.2.3　Lucy-Richardson 复原

使用 DECONVLUCY 函数，利用加速收敛的 Lucy-Richardson 算法可对图像进行复原，Lucy-Richardson 算法能够求出按照泊松噪声统计标准求出与给定 PSF 卷积后最有可能成为输入模糊图像的图像。当 PSF 已知，但图像噪声信息未知时，可以使用这个函数进行有效工作，调用格式如下：

J=DECONVLUCY(I,RSF,NUMIT,DAMPAR,WEIGHT,READOUT,SUBSMPL)

其中，I 为输入图像，PSF 为点扩散函数，NUMIT 表示算法重复次数，DAMPAR 表示偏差阈值，WEIGHT 表示图像记录能力，READOUT、SUBSMPL 分别为噪声矩阵和采样时间。

【例 10.16】

```
I=checkerboard(8);
PSF=fspecial('gaussian',7,10);
V=.0001;
BlurredNoisy=imnoise(imfilter(I,PSF),'gaussian',0,V);
WT=zeros(size(I));
WT(5:end-4,5:end-4)=1;
J1=deconvlucy(BlurredNoisy,PSF);
J2=deconvlucy(BlurredNoisy,PSF,20);
```

```
J3=deconvlucy(BlurredNoisy,PSF,30,sqrt(V));
subplot(221);imshow(BlurredNoisy);
subplot(222);imshow(J1);
subplot(223);imshow(J2);
subplot(224);imshow(J3);
```

得到结果如图 10.42 所示。

图 10.42 中（a）、（b）、（c）、（d）分别是复原前、算法重复 10 次、20 次阈值为 0 以及重复 30 次阈值 0.01 的复原效果。

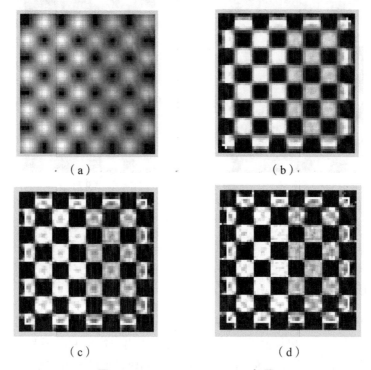

（a）　　　　　　　　　　　　（b）

（c）　　　　　　　　　　　　（d）

图 10.42　Lucy-Richardson 复原

10.5.2.4　盲去卷积积分复原

MATLAB 的 DECONVBLIND 函数使用类似于加速收敛 Lucy-Richardson 算法的执行过程来同时重建图像和 PSF。盲去卷积算法可以在对失真情况毫无所知的情况下进行重复操作。调用格式如下：

[J,PSF]=DECONVBLIND(I,INITPSF,NUMIT,DAMPAR,WEIGHT,READOUT)

其中，I 为输入图像，INITPSF 表示 PSF 估值，NUMIT 为算法重复次数，DAMPAR 表示偏移阈值，WEIGHT 用来屏蔽坏像素，READOUT 表示噪声矩阵。输出参数 J 表示复原后的图像，PSF 具有相同大小，表示重建扩散函数。

【例 10.17】

```
I=checkerboard(8);
PSF=fspecial('gaussian',7,10);
```

```
UNDERPSF=ones(size(PSF)-4);
V=.0001;
Blurred=imnoise(imfilter(I,PSF),'gaussian',0,V);
subplot(2,2,1);imshow(Blurred);
[J1 P1]=deconvblind(Blurred,UNDERPSF);
subplot(2,2,2);imshow(J1);
OVERPSF=padarray(UNDERPSF,[4 4],'replicate','both');
[J2 P2]=deconvblind(Blurred,OVERPSF);
subplot(2,2,3);imshow(J2);
INITPSF=padarray(UNDERPSF,[2 2],'replicate','both');
[J3 P3]=deconvblind(Blurred,INITPSF);
subplot(2,2,4);imshow(J3);
```

得到结果如图 10.43 所示。

图 10.43（a）、（b）、（c）、（d）分别是复原前、较小 PSF、较大 PSF 以及真实 PSF 情况下复原效果图。

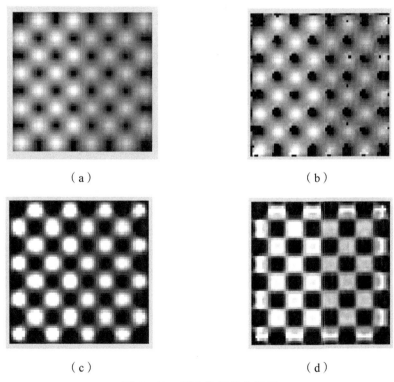

（a）　　　　　　　　　　　　　　　　（b）

（c）　　　　　　　　　　　　　　　　（d）

图 10.43　盲去卷积积分复原

参考文献

[1] 张智星．MATLAB 程式设计与应用[M]．北京：清华大学出版社，2002.

[2] 张志涌等．MATLAB 教程[M]．北京：北京航空航天大学出版社，2006.

[3] 张志涌，杨祖樱等．精通 MATLAB R2011a[M]．北京：北京航空航天大学出版社，2010.

[4] 占君等．MATLAB 函数查询手册[M]．北京：机械工业出版社，2011.

[5] 刘焕进等．MATLAB N 个实用技巧[M]．北京：北京航空航天大学出版社，2011.

[6] 龚纯，王正林．MATLAB 语言常用算法程序集 [M]．2 版．北京：电子工业出版社，2011.

[7] 李颖．Simulink 动态系统建模与仿真[M]．2 版．西安：西安电子科技大学出版社，2009.

[8] 常华，袁刚，常嘉敏．仿真软件教程——Multisim 和 MALTAB[M]．北京：清华大学出版社，2006.

[9] 陈杰．MALTAB 宝典[M]．北京：电子工业出版社，2010.

[10] 郑智琴．Simulink 电子通信仿真与应用[M]．北京：国防工业出版社，2002.

[11] 陈桂明．应用 MATALB 语言处理数字信号与数字图像[M]．北京：科学出版社，2001.

[12] 郑阿奇．MATLAB 实用教程[M]．北京：电子工业出版社，2004.

[13] 张德丰．MATLAB/Simulink 建模与仿真[M]．北京：电子工业出版社，2009.

[14] 刘卫国．科学计算与 MALTAB 语言[M]．北京：高等教育出版社，2002.

[15] [美]冈萨雷斯，伍兹．数字图像处理[M]．3 版．阮秋琦，等，译．北京：电子工业出版社，2011.

[16] [美]冈萨雷斯等．数字图像处理（MATLAB 版）[M]．阮秋琦，等，译．北京：电子工业出版社，2005.